Jean-Henri Fabre

»Ich aber erforsche sie mitten im Leben«

Von der Poesie der Insekten

Aus dem Französischen von
Peter Repp und Beate Taudte-Repp

Mit einem Nachwort von
Beate Taudte-Repp

HEINRICH & HAHN

Für diese Ausgabe:

Die französische Originalausgabe erschien 1879 unter dem Titel »Souvenirs Entomologiques« im Verlag Charles Delagrave, Paris. Die Texte »Die Besteigung des Mont Ventoux«, »Migranten« und »Die Sandwespe« entstammen der sogenannten Ersten Serie (Kapitel XIII, XIV und XV), der Text »Der Harmas« entstammt der Zweiten Serie (Kapitel I). Die vorliegende Übersetzung basiert auf der zweibändigen Ausgabe von Jean-Henri Fabres »Souvenirs Entomologiques. Etudes sur l'instinct et les mœurs des insectes« aus dem Verlag Robert Laffont, Paris 1989.
Portrait Fabre: Archives Iconographiques du Palais du Roure, Avignon
Für das Nachwort:

Gestaltung und Herstellung:
Wolff Kommunikation, Frankfurt am Main
Druck und Bindung:
fgb Freiburger Graphische Betriebe, Freiburg
Printed in Germany
ISBN 978-3-86597-047-3

www.heinrichundhahn.de

INHALT

Der Harmas

Genau das hatte ich mir gewünscht, *hoc erat in votis*: ein Stückchen Land, ach, nicht besonders groß, aber umfriedet und somit den Unannehmlichkeiten der öffentlichen Straße entzogen; ein Fleckchen Erde, sich selbst überlassen, unfruchtbar, von der Sonne verbrannt, wo nur mehr Disteln gedeihen und Hautflügler ihr Auskommen finden. An einem solchen Ort könnte ich sorglos, ohne von zufällig vorbeikommenden Leuten gestört zu werden, Sand- und Grabwespen unter die Lupe nehmen, also mich mit Haut und Haaren jenem mühsamen Kolloquium widmen, bei dem sich erst im Experimentieren die jeweiligen Fragen und Antworten ergeben. Ohne langes Suchen in entlegenen Gegenden, bei dem man nur Zeit vergeudet, ohne mühselige Märsche, die die Nerven aufreiben und damit nur die Aufmerksamkeit schmälern, könnte ich hier meine Attacken endlich in aller Ruhe planen, meine Fallen auslegen und die Ereignisse Tag für Tag und zu jeder Stunde verfolgen. *Hoc erat in votis*: Ja, das war mein innigster Wunsch, ein Traum, den ich seit jeher gehegt hatte und der sich dann doch immer wieder im Nebel der Zukunft verflüchtigte.

Überdies ist es nicht gerade einfach, sich ein Laboratorium auf freiem Felde zu gönnen, wenn man zugleich von der schrecklichen Sorge um das tägliche Brot niedergedrückt wird. 40 Jahre lang habe ich mit unerschütterlichem Mut gegen die jämmerlichen Unannehmlichkeiten des Lebens gekämpft; nun bin ich endlich zu meinem so lange ersehnten Versuchsfeld gekommen. Was es mich an Standhaftigkeit und erbitterter Arbeit gekostet hat, werde ich gar nicht erst aufzuzählen versuchen. Nun ist mein Laboratorium da und, was noch viel wichtiger ist, damit vielleicht auch etwas mehr Muße. Ich sage »vielleicht«, denn ich schleppe an meinem Fuß noch immer ein gutes Stück jener Sträflingskette mit mir herum. Der Wunsch aber hat sich erfüllt. Ja, ein wenig spät, o meine schönen Insekten! Ich fürchte wohl, daß mir der Pfirsich erst zu einem Zeitpunkt gereicht wird, in dem mir alsbald schon die Zähne fehlen werden, um ihn zu genießen.

Ja, es ist ein bißchen spät: Die anfangs so unendlich weit scheinenden Horizonte haben sich zu einem niedrigen Gewölbe verflacht, das einen zu ersticken droht und sich von Tag zu Tag verengt. Ich trauere jedoch nicht um die Vergangenheit, nur um die Menschen, die ich verloren habe; ich bedaure nicht, daß ich nicht 20 Jahre alt bin und auf nichts mehr recht hoffen kann. Ich bin nur an jenem Punkt angelangt, an dem man sich, zermürbt durch vielfältige Erfahrung, fragt, ob es sich überhaupt noch lohne zu leben.

Inmitten der Ruinen, von denen ich umgeben bin, bleibt mir ein Stück Mauer, das auf seinem Fundament aus Kalk und Sand unerschütterlich sein wird: Es ist meine Liebe zur wissenschaftlichen Wahrheit. Genügt dies, ach, meine geschäftigen Hautflügler, für mein Vorhaben, noch ein paar Seiten zu eurer Geschichte hinzuzufügen? Werden die mangelnden Kräfte nicht den guten Willen untergraben? Warum habe ich euch auch so lange vernachlässigt? Das haben mir Freunde zum Vorwurf gemacht. Ach, sagt ihnen, sagt diesen Freunden, die eure und meine zugleich sind, sagt ihnen, daß das nicht aus Vergeßlichkeit, Nachlässigkeit oder Entsagung geschah.

Ich dachte an euch, ich war stets von der Überzeugung erfüllt, daß uns die Erdhöhle der Knotenwespe noch viele schöne Geheimnisse enthüllen, daß uns die Jagdmethode der Sandwespe noch weitere Überraschungen bereiten würde. Doch es mangelte an der nötigen Zeit; ich war allein, verlassen, in den Kampf gegen ein mißliches Schicksal verstrickt. Bevor man ans Philosophieren geht, muß man erst einmal leben. Sagt ihnen das, und sie werden mir verzeihen.

Andere haben mir meine Sprache vorgeworfen, weil ihr die förmliche Würde, oder sagen wir besser: die akademische Nüchternheit fehle. Sie befürchten, daß eine Buchseite, die man ohne Anstrengung liest, nicht immer die Wahrheit ausdrücke. Wollte ich ihnen glauben, könnte man nur unter der Bedingung der Unverständlichkeit zu tiefgründigen Einsichten gelangen. Kommt her, ihr alle, die ihr da seid, ihr Stachelträger und ihr mit dem Harnisch eurer Rückenschilder, übernehmt meine Verteidigung und zeugt zu meinen Gunsten. Berichtet, wie vertraut ich mit euch lebe, mit welcher Geduld ich euch beobachte, mit welcher Gewissenhaftigkeit ich euer Tun aufzeichne. Euer Zeugnis wird einstimmig sein: Ja, meine Schriften sind nicht mit starren Formeln und hochgelehrten Hirngespinsten gespickt, es sind vielmehr exakte Aufzeichnungen beobachteter Vorgänge, nichts mehr und nichts weniger. Und jeder andere, der euch eingehend befragen würde, erhielte dieselben Antworten.

Solltet ihr, meine lieben Insekten, diese braven Leute nicht überzeugen können, weil ihr nicht die Gewichtigkeit dieser Langweiler besitzt, sage ich's ihnen selber: Ihr schlitzt den Tieren den Bauch auf, und ich – ich erforsche sie mitten im Leben; ihr macht aus ihnen Objekte des Schreckens und des Mitleids, und ich sorge dafür, daß man sie liebt. Ihr arbeitet in einer Folterkammer, in der die Tiere zerstückelt werden, ich beobachte sie unter blauem Himmel, begleitet vom Gesang der Zikaden. Ihr steckt die Zellen und das Protoplasma der Tiere ins Reagenzglas, ich untersuche ihren Instinkt in dessen herausragendsten Ausdrucksformen; ihr erforscht den Tod, ich erforsche das Leben. Und warum vervollständige ich nicht meine Gedanken: Wildschweine haben das klare Wasser der Brunnen aufgewirbelt. Die Naturgeschichte, dieser noch so junge, großartige Forschungszweig, wurde aufgrund eines nur um die Zellen kreisenden Perfektionismus zu einer widerwärtigen und abstoßenden Angelegenheit. Wenn ich nun aber für die Gelehrten schreibe, für die Philosophen, die eincs Tages versuchen werden, das heikle Problem des Instinkts aufzuklären, schreibe ich doch zugleich, schreibe ich vor allem für die Jugend, die, so mein Wunsch, die Naturgeschichte lieben lernen soll, die ihr ihnen derart verhaßt macht. Das ist der Grund, warum ich mich, gleichwohl ganz gewissenhaft auf dem Boden der Tatsachen bleibend, eurer wissenschaftlichen Sprache enthalte, die, leider Gottes, allzuoft wie vom Kauderwelsch der Irokesen durchsetzt klingt.

Im Moment aber habe ich ganz andere Sorgen. Ich sollte von diesem Stückchen Land sprechen, mit dem ich schon so lange für mein Vorhaben geliebäugelt habe, auf daß es ein Laboratorium lebendiger Insektenkunde werde; ich sollte von diesem Stückchen Land sprechen, das ich nun in der Einsamkeit eines kleines Dorfes endlich gefunden habe. Es ist ein *Harmas*. Hierzulande bezeichnet man mit diesem Wort unbestelltes Gelände, steinig und dem Wildwuchs des Thymians überlassen. Es ist zu mager, um die Arbeit mit dem Pflug nur halbwegs zu entgelten. Wenn es im Frühling zufällig einmal geregnet hat und etwas Gras wächst, ziehen weidende Schafe darüber hinweg. Mein Harmas jedenfalls war, aufgrund der spärlichen roten Erde, die von einer unerschöpflichen Menge an Steinen übersät ist, schon einmal ansatzweise bestellt worden: Einst, so heißt es, wuchsen hier Weinreben. Und in der Tat kommen da und dort einzelne, inzwischen längst schon kohlschwarz verrottete Reste der wertvollen Rebstöcke ans Tageslicht, sobald man in der Erde zu graben beginnt, um ein paar Bäume zu pflanzen. Hier hat also schon die dreizackige Forke ihre Spuren hinterlassen, das einzige Arbeitsgerät, das in ein solches Erdreich überhaupt eindringen kann. Ich bedauere jeden derartigen Eingriff, weil damit die ursprüngliche Vegetation verschwand. Kein Thymian mehr, kein Lavendel, auch keine niedrigen Büsche der Kermeseiche mehr, dieser Zwergeiche, die ein dichtes Gestrüpp bildet, das zu durchstreifen einem nur mit weit ausholenden Schritten gelingt. Weil diese Pflanzen, vor allem die beiden erstgenannten, mir äußerst nützlich sein könnten, da sie den Hautflüglern reichliche Beute ermöglichen, bleibt mir nichts anderes übrig, als sie just an den Stellen wieder neu anzupflanzen, wo sie von der Grabgabel verjagt wurden. Im Überfluß aber und ganz ohne mein Zutun gibt es die alles überwuchernden Eindringlinge auf dem einst bearbeiteten und dann so lange Zeit sich selbst überlassenen Boden. Allen voran findet sich die Quecke, dieses verhaßte Gewächs, das auch ein dreijähriger verbissener

Krieg noch nicht endgültig ausrotten konnte. Gleich danach kommen, in bezug auf ihre Häufigkeit, die Flockenblumen, die Centaureen; von kratzbürstigem Aussehen, sind sie mit Stacheln oder sternförmigen Hellebarden gespickt. Im einzelnen gibt es die Sonnwend-Flockenblume, die Bergflockenblume, die Fußangel-Flockenblume und die Rauhe Flockenblume. Die erstgenannte ist dabei vorherrschend. Inmitten des unentwirrbaren Geflechts der Centaureen erhebt sich hier und da, wie ein Kandelaber mit Flammen orangefarbener Blüten, die wehrhaftwilde Spanische Golddistel, deren Stacheln so robust und spitz sind wie Nägel. An Größe noch übertroffen wird sie von der Illyrischen Eselsdistel, die mit einem einzigen, kerzengeraden, ein bis zwei Meter hohen Stengel alle anderen Pflanzen überragt und an der Spitze dicke rosafarbene Blüten-Pompons trägt. Ihr Harnisch steht dem der Golddistel kaum nach. Vergessen wir auch nicht die Sippschaft jener Disteln, die wir hierzulande unter dem Begriff »Chardons« zusammenfassen. Allen voran die Stachlige Kratzdistel, die so stark bewehrt ist, daß ein Pflanzensammler gar nicht weiß, wo er sie anpacken soll; des weiteren die Lanzettliche Kratzdistel mit ihren üppigen Blättern, deren einzelne Adern in lanzenartigen Spitzen enden. Zu nennen wären auch jene schwärzenden Disteln, die eine kompakte, stachelgespickte Rosette bilden. Verstreut findet sich dazwischen immer wieder die Acker-Brombeere, die bläuliche Früchte trägt und mit langen, schnurartigen, häkchenbildenden Trieben über den Boden kriecht. Um das stachlige Gestrüpp zu durchstreifen, wenn die Hautflügler darin auf Beutezug gehen, benötigt man kniehohe Stiefel oder muß sich auf blutig zerkratzte Waden gefaßt machen. Solange im Erdreich noch ein Rest Feuchtigkeit von den Regenfällen des Frühjahrs enthalten ist, entbehrt diese magere Vegetation nicht eines gewissen Charmes, da sich über dem von den gelben Blüten der Sonnwend-Flockenblume beherrschten Pflanzenteppich nun auch die Pyramiden der Golddistel oder die ranken Triebe der Eselsdistel erheben. Aber unerbittlich naht die Trockenheit des Sommers, so daß sich hier nur mehr eine Wüstenei erstreckt, auf der ein einziges Streichholz im Nu einen weiträumigen Flächenbrand auslösen würde. So beschaffen ist oder besser: war mein lieblicher Garten Eden, als ich ihn in Besitz nahm und wo ich nun fest damit rechne, in vertraulichster Nähe mit den Insekten zu leben. Das habe ich mir in 40 Jahren eines über alle Maßen anstrengenden Kampfes redlich verdient.

Ich sagte »Eden«, und im Blick auf meine Interessen ist dieser Begriff hier ganz und gar nicht fehl am Platze. Dieses vermaledeite Stück Land, das nichts bietet, um ihm auch nur ein Quentchen Rüben-Samen anzuvertrauen, ist ein irdisches Paradies für Hautflügler. Seine üppige Vegetation aus Disteln und Flockenblumen lockt sie mir an, allesamt und ringsum. Niemals während all meiner entomologischen Jagdausflüge bot sich mir auf einem Fleck vereint eine ähnliche Vielfalt; die gesamte Zunft gibt sich hier ein Stelldichein. So finden sich auf die unterschiedlichste Beute spezialisierte Jäger, Lehm verarbeitende Baumeister, auf Pflanzenwolle erpichte Nestbauer, Sammler von Schnittgut aus Laub und Blütenblättern, Konstrukteure von Kartongebilden, Tonerde anrührende Mörtelgesellen, Holz durchbohrende

Zimmerleute, Minenarbeiter, die unterirdische Galerien anlegen, Arbeiter, die mit feinsten Häutchen werkeln, und ich weiß nicht, wer sonst noch alles.

Was ist das hier? Es ist eine Wollbiene. Sie schabt den wie von Spinnweben überzogenen Stengel der Sonnwend-Flockenblume ab und sammelt so einen Ballen Pflanzenwolle, den sie stolz am Ende ihrer Mandibeln davonschafft. Unter der Erde wird sie daraus kleine Beutelchen aus einem wattigen Filz herstellen, um darin die aus Honig bestehende Futterration und ihr Ei einzupacken. – Und wer sind dort die anderen, die so eifrig am Sammeln sind? Sie gehören zur Gattung *Megachile*, den Blattschneiderbienen, die eine dichte Bauchbürste zur Ernte der Pollen besitzen, wobei die Sammelhaare schwarz, weiß oder flammend rot gefärbt sind. Sie werden gleich die Disteln verlassen, um die benachbarten Büsche aufzusuchen, aus deren Blättern sie ovale Stückchen herausschneiden, die dann sorgfältig zusammengefügt werden, um das Erntegut aufzunehmen. – Ach, und jene da, gekleidet in schwarzen Samt? Hier handelt es sich um Mörtelbienen, die mit Zement und Kieseln arbeiten. Auf den Kiesflächen des Harmas werden wir ohne langes Suchen ihre Maurerarbeiten entdecken. Und schließlich jene, die in brüskem Flug laut brummend daherkommen? Es sind Pelzbienen; sie bewohnen die alten Mäuerchen und sonnigen Böschungen der Nachbarschaft.

Wollbiene

Hier haben wir jetzt auch die Mauerbienen. Eine Art reiht ihre Zellen in der Spirale eines leeren Schneckengehäuses aneinander; eine andere macht sich, mitten im

Dornengestrüpp, am weichen Mark eines vertrockneten Astes zu schaffen, um darin für ihre Larven ein zylindrisches Obdach zu fabrizieren, das sie nach und nach mit Zwischenwänden unterteilt. Eine dritte Mauerbiene benutzt den von Natur aus hohlen Stiel eines beschnittenen Rosenstocks, eine vierte mietet sich ohne weiteren Aufwand in den bereits bestehenden Galerien anderer Mauerbienen ein. Dort drüben sehen wir auch die Langhornbienen, die mit extrem langen Fühlern ausgestattet sind, oder die Hosenbienen mit ihren dicken Haarbüscheln an den Hinterbeinen zum Einbringen der Ernte, wir sehen die so artenreiche Gattung der Sandbienen und die Schmalbienen mit ihrem auffällig schlanken Hinterleib. Wo ich gehe, stolpere ich über sie. Wollte ich fortfahren in dieser Aufzählung all der Gäste in meinen Disteln, würde hier fast die ganze Sippschaft auch der Honigbienen Revue passieren.

Mauerbiene

Ein auf Insekten spezialisierter Gelehrter aus Bordeaux, Herr Professor J. Pérez, dem ich die Identifikation meiner Funde vorlege, fragte mich schon, ob ich denn besondere Jagdmethoden hätte, daß ich ihm derart viele seltene Exemplare und sogar neue Arten schicken könne. Ich bin ein Jäger mit wenig Erfahrung und noch geringerem Eifer, denn ein Insekt interessiert mich sehr viel mehr, wenn ich es lebendig bei seiner Arbeit beobachte, als wenn es aufgespießt auf dem Grund eines Kastens liegt. All meine Jagdgeheimnisse beschränken sich also auf

Schmalbiene

mein struppiges, von Disteln und Flockenblumen übersätes Pflanzenreich.

Dank eines äußerst glücklichen Zufalls fand ich einmal die artenreiche Familie der Honig-Sammler in engster Nachbarschaft mit dem Stamm räuberischer Jäger vor. Für den Bau einer hohen Mauer rings um mein Grundstück hatten die Handwerker auf meinem Harmas schon hier und da stattliche Sandhaufen und bergeweise Steine verteilt. Da sich die Arbeiten jedoch hinzogen, wurden die Baumaterialien gleich im ersten Jahr schon anderweitig in Besitz genommen. So wählten die *Chalicodoma*, die Mörtelbienen, die Hohlräume zwischen den Steinen als Schlafquartier, um dort, grüppchenweise und dicht aneinandergedrängt, die Nacht zu verbringen. Die kräftige Perleidechse, die hitzig und mit weit aufgerissenem Rachen Mensch wie Hund entgegenspringt, wenn sie ihr zu nahe kommen, hat sich den Steinhaufen als Höhle ausgesucht, um von hier aus vorbeikommenden Käfern nachzustellen. Der Mittelmeer-Steinschmätzer, mit seinem weißen Bauchgefieder und den schwarzen Flügeln wie ein Dominikaner gewandet, sitzt auf dem höchsten Stein und schmettert von dort sein kurzes und heiseres Liedchen. Irgendwo im Innern des Steinhaufens mußte sein Nest verborgen sein, die Eier darin so blau wie die Farbe des Himmels. Mit den Steinhaufen verschwand später auch dieser kleine gefiederte Dominikaner. Ich bedaure es: Er war ein liebreizender Nachbar. Das Verschwinden der Perleidechse bedaure ich indes keine Spur.

Wegwespe

Der Sand bot auch einem anderen Völkchen eine Heimstatt. Kreiselwespen fegten den Boden ihrer Erdhöhlen, indem sie, rückwärts kriechend, kreiselnd feinste Sandpartikel aus ihrem Bau herausschleuderten; die Languedoc-Sandwespen wiederum schleppten vor meinen Augen ihre Heuschrecken an den Fühlern heran, während Vertreter der gleichfalls im Sand nistenden Gattung *Stizus* ihren Vorrat an Laubheuschrecken einkellerten. Zu meinem großen Bedauern zwangen die Maurer nach und nach die gesamte Sippschaft dieser Jäger zur Umsiedlung. Aber sollte ich sie mir eines Tages wieder vor Augen führen wollen, müßte ich nur wieder neuen Sand aufhäufen – sie kämen allesamt schleunigst zurück.

Nicht verschwunden, da ihre Heimstatt eine andere ist, sind dagegen die Sandwespen der Gattung *Ammophila*, die ich weiterhin sehe, die einen im Frühling, die anderen im Herbst; auf der Suche nach Raupen schwirren sie über Gartenwegen und Gras; desgleichen die Wegwespen (*Pompilidae*), die da flink angeflogen kommen und mit bebenden Flügeln die verborgensten Winkel durchsuchen, um eine Spinne zu ergattern. Die größten Wegwespen-Arten lauern der Narbonne-Wolfsspinne auf, deren Erdhöhlen auf meinem Harmas nicht selten sind. Ihr unterirdischer Bau besteht aus einem senkrechten Schacht, dessen Rand von Grashalmen gesäumt ist, die die Spinne mit ihrer Seide umsponnen hat. Am Grund ihres Schlupfwinkels sieht man wie kleine Diamanten die Augen dieses kräftigen

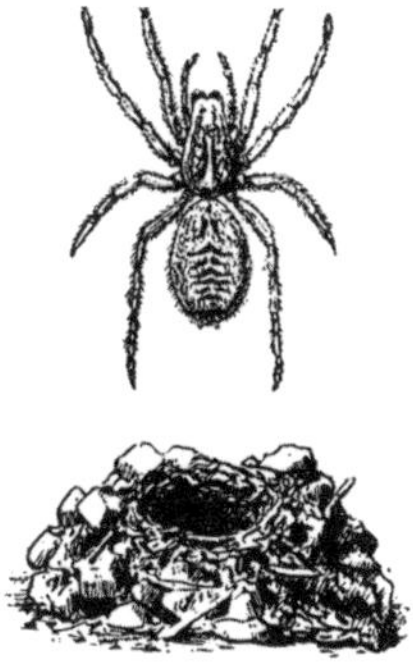

Wolfsspinne mit ihrer Erdhöhle

Spinnentiers schimmern, das im allgemeinen Furcht und Schrecken hervorruft. Welch eine Beute also, welch gefahrvolle Jagd für die Wegwespe! Jetzt aber, an einem heißen Sommernachmittag, tauchen auch Amazonen-Ameisen auf, die sich in endlosen Bataillonen aus den Schlafsälen ihrer Kaserne auf den Weg machen, um in einiger Entfernung auf Sklavenjagd zu gehen. Wir werden sie später, mit genügend Zeit und Muße, bei ihren Beutezügen verfolgen. Denn da finden sich auch noch die Dolchwespen, rings um einen Haufen bereits zu Erde verrottetem Laub. Stattliche eineinhalb Zoll lang, fliegen sie träge umher und stürzen sich dann plötzlich in den Komposthügel, verlockt von der reichen Auswahl an Opfern: Engerlingen von Blatthornkäfern, Nashorn- und Rosenkäfern.

Was für Studienobjekte also, und die Aufzählung ist noch nicht zu Ende! Die Gebäude auf meinem Harmas waren seinerzeit genauso verlassen wie das Grundstück. Die Menschen auf und davon, ein ungestörter Dornröschenschlaf – also kamen die Tiere herbei, sich des gesamten Anwesens zu bemächtigen. Grasmücken wählten sich die Fliederbüsche als Domizil; Grünlinge ließen sich im Dickicht der Zypressen nieder; Sperlinge schafften Stoffetzchen und Stroh zum Nisten unter jeden überstehenden Dachziegel; in den Wipfeln der Platanen zwitschern die auch rund ums Mittelmeer beheimateten Girlitze, deren komfortable Nester nicht größer sind als eine Aprikosenhälfte. Die Zwergohreulen haben es sich zur Gewohnheit gemacht, hier am Abend ihr Duett monotoner Flötenrufe ertönen zu lassen; und die »Vögel der Göttin Athene«, also Steinkäuze, kommen herbeigeflogen, um hier ihre klagenden Rufe in die Nacht zu schikken. Vor dem Wohnhaus befindet sich ein breites Bekken, gespeist vom Aquädukt, das die Brunnen des Dorfes mit Wasser versorgt. Hier finden sich, während der Zeit ihrer Liebesspiele und aus einem Umkreis von gut einem Kilometer herankriechend, die Amphibien ein. Kreuzkröten, manchmal so breit wie ein Teller und mit dem typischen, leuchtend gelben Längsband auf dem Rücken, geben sich am Bassin ein Stelldichein, um ein Bad zu nehmen; sobald die Abenddämmerung hereinbricht, sieht man Geburtshelferkröten am Rand entlanghüpfen; die Männchen tragen sommers dicke Träubel von Eiern so groß wie Pfefferkörner an ihren Hinterbeinen mit sich herum; sie kommen von weit her, diese sanftmütigen Familienväter, um ihre wertvollen Eierpakete ins Wasser zu bringen und sich danach unter einem flachen Stein noch ein wenig zu erholen, wobei sie ihre wie von Glöckchen erzeugten Rufe erschallen lassen. Und schließlich die Laubfrösche, die, wenn sie nicht gerade hoch im Blattwerk der Bäume quaken, elegante Kopfsprünge ins Wasser vollführen. Sobald im Mai die Dämmerung hereinbricht, versammeln sie sich im Becken zu einem ohrenbetäubenden Orchester. Jede Unterhaltung bei Tisch wird unmöglich, an Schlaf ist nicht zu denken. Hier galt es, Ordnung zu schaffen, vielleicht waren meine Mittel ein bißchen zu streng. Was soll man tun? Wer schlafen will, aber nicht kann, wird mitunter rabiat.

Weitaus dreister noch haben die Hautflügler von meinem Haus Besitz ergriffen. So nistet im Schotter unmittelbar vor meiner Haustür eine weißgeränderte Sandwespe der Gattung *Sphex*. Um mein Heim zu betreten, muß ich aufpassen, daß ich ihre Bruthöhlen nicht beschädige und den kleinen, ganz auf seine Arbeit konzentrierten Minenarbeiter nicht unter meinen Füßen zerstampfe. Und ach, es ist schon ein gutes Vierteljahrhundert her, daß ich diesen ungestümen Heuschrecken-Jäger zum letzen Mal gesehen habe. Um seine Bekanntschaft zu machen, mußte ich einst kilometerweit laufen, bis ich ihn aufstöbern konnte; das war jedes Mal eine rechte Expedition unter der schwül-lastenden Augustsonne. Heute finde ich ihn direkt vor meiner Haustür, wir sind allerengste Nachbarn. Die Einfassung der Fenster dient einer besonders großen *Sceliphron*-Grabwespe als wohltemperierte Wohnstatt; ihr aus Lehm gefügtes Nest hat sie an die glatt behauenen Mauersteine des Gesimses geklebt. Um dorthin zu gelangen, nutzt diese Spinnenjägerin ein zufällig entstandenes, winziges Loch, das ihr auch bei geschlossenen Fensterläden den Eintritt ermöglicht. Auf den Leisten der Läden bauen vereinzelt auch ein paar Mörtelbienen ihre zu Gruppen angeordneten Nistzellen; auf der Innenseite der nur einen Spalt weit geöffneten Klappläden errichtet eine Töpferwespe ihren kleinen Dom aus Erde, dessen winzige Öffnung wie der Hals einer Karaffe ausgestülpt ist. Die Gemeine Wespe und die Feldwespe sind meine Tischgenossen; sie kommen an meine Tafel geflogen, um zu prüfen, ob die servierten Trauben auch reif genug sind.

Grabwespe

Dies sind nur ein paar Beispiele, die Aufzählung ist alles andere als vollständig; jedenfalls findet sich hier eine ebenso zahlreiche wie ausgewählte Gesellschaft, und sobald es mir gelingt, eine Unterhaltung mit diesem Völkchen anzuzetteln, vertreibt diese mir aufs angenehmste meine Einsamkeit. Die schon in früheren Zeiten von mir so geliebten Tiere, meine alten Freunde und jene, deren Bekanntschaft ich erst jüngst gemacht habe – sie alle sind hier vertreten: jagend, Beute machend und Nester bauend, in allernächster Nähe. Will ich meine Beobachtungen andernorts fortführen, so finde ich nur einige hundert Meter entfernt ein Hügelland mit einem Dickicht aus Erdbeerbäumen, verschiedenen Zistrosen und Baumheide; dort gibt es auch die sandigen Placken, wie sie die Kreiselwespen mögen, und die aus Mergel bestehenden Böschungen, die von verschiedenen Hautflüglern aufgesucht werden. Just deshalb also bin ich, in Voraussicht all dieser Reichtümer, aus der Stadt in ein Dorf geflohen, deshalb kam ich nach Sérignan, um hier meine Rüben zu jäten und meinen Kopfsalat zu wässern.

Mit großem finanziellem Aufwand gründet man an der Atlantik- und an der Mittelmeer-Küste Forschungsinstitute, in denen man, mit magerem, niemanden interessierenden Ergebnis, kleines Meeresgetier seziert. In verschwenderischer Fülle werden dort lichtstarke Mikroskope, feinste Sektionsgeräte, Fangapparaturen, Aquarien und Berufsfischer eingesetzt; nur um zu erfahren, aus welchen Einzelteilen sich der Nährdotter eines Ringelwurms zusammensetzt – Dinge, deren weiter reichende Bedeutung mir bisher schleierhaft geblieben ist. Die Kleinstlebewesen zu Lande hingegen vernachlässigt man, obwohl sie in ständiger Beziehung zu uns leben und uns Erkenntnisse von unschätzbarem Wert über jene grundlegenden Verhaltensweisen liefern können, anhand derer sie der

Allgemeinheit oft genug Schaden zufügen, indem sie unsere Ernten vernichten. Wann wird es ein Entomologisches Laboratorium geben, in dem man keine toten oder in hochprozentigem Alkohol eingelegten Insekten untersucht, sondern lebende Tiere – ein Laboratorium, dessen Forschungsziel dem Instinkt gewidmet wäre, den Verhaltensweisen, den Lebensgewohnheiten, den Nistbauten, den Kämpfen, der Vermehrung in dieser kleinen Welt; Forschungen, die der Landwirtschaft genauso wie der Philosophie ausgesprochen dienlich sein könnten. Ein gründliches Wissen über den erbarmungslosen Schädling unserer Weinstöcke wäre ja vielleicht von größerer Bedeutung, als die Beschaffenheit irgendeines Nervenbündels bei den Rankenfußkrebsen zu kennen. Mit Hilfe von Experimenten die Grenze zwischen Intelligenz und Instinkt auszuloten, anhand von Vergleichen aus dem Tierreich zu erkunden, ob die menschliche Vernunft eine nicht gänzlich erklärbare Fähigkeit ist – dies alles müßte doch Vorrang haben vor der Anzahl der Ringe, die sich in den Antennen der Krustentiere finden lassen. Mit diesen so viel weiter reichenden Fragen müßte sich ein ganzes Arbeitsheer beschäftigen, doch es gibt nichts dergleichen. In Mode sind derzeit eben Mollusken und Zoophyten. Dafür werden unter einem riesigen Aufgebot von Schleppnetzen die Tiefen der Meere erforscht, der Boden zu unseren Füßen dagegen wird weiterhin schmählich vernachlässigt. In der Hoffnung, daß sich die Mode ändert, eröffne ich derweil mein Harmas-Laboratorium für eine Insektenkunde am lebenden Tier; und dieses Laboratorium wird den Säckel des Steuerzahlers nicht einen Centime kosten.

Die Besteigung des Mont Ventoux

Als mächtiger Solitär ragt er unmittelbar aus der Ebene empor und ist daher von allen Seiten jeglichen atmosphärischen Einflüssen ausgesetzt; der kahle Gipfel in der Provence ist der höchste Berg Frankreichs, sieht man von den Alpen und den Pyrenäen einmal ab, und eignet sich außerordentlich gut dazu, die Verbreitung der Pflanzen unter den verschiedensten klimatischen Bedingungen zu untersuchen.

Am Fuß des Bergs gedeihen die frostempfindlichen Olivenbäume neben einer Vielfalt niedriger, halbverholzter Sträucher wie zum Beispiel Thymian, die ihren aromatischen Duft nur unter der Sonne des Südens entwickeln können; den mindestens sechs Monate im Jahr von Schnee bedeckten Gipfel überzieht eine boreale Flora, wie sie teilweise auf arktischen Böden heimisch ist. Schon bei einem halbtägigen Aufstieg lassen sich nacheinander all die wichtigen Vegetationsformen entdecken, die man normalerweise nur auf einer langen, einem Längengrad folgenden Reise von Süden in den Norden finden würde.

Anfangs stapft man über duftende Thymianbüschel, die auf den unteren Hanglagen einen schier endlosen Teppich bilden; nach ein paar Stunden hat man die dunklen Polster des Roten Steinbrechs unter den Füßen, jener Pflanze, die einem Botaniker als erstes ins Auge springen wird, sobald er im Juli an der Küste Spitzbergens an Land geht. Unten, in der Ebene, konnten wir in den Hecken noch die scharlachroten Blüten des Granatapfelbaums, eines Liebhabers des afrikanischen Himmels, sammeln;

da oben pflücken wir jetzt eine kleine behaarte Mohnblume, deren Stengel wohlgeschützt aus dem Grus der Steinhalden ragt; ihr breiter, gelber Blütenkelch ist weit geöffnet, hier oben, auf den höchsten Höhen des Mont Ventoux genauso wie in der eisigen Einsamkeit Grönlands oder am Nordkap.

Solche Gegensätze in Klima und Vegetation sind stets von großem Reiz, und selbst nach 25 Besteigungen habe ich mich noch immer nicht daran sattgesehen. Im August 1865 unternahm ich den Aufstieg zum dreiundzwanzigsten Male. Wir waren zu acht: Drei von uns hegten botanische Interessen, die anderen fünf waren erpicht auf eine Bergwanderung und das Panorama, das sich vom Gipfel aus bieten würde. Keiner dieser fünf an der Botanik uninteressierten Wanderer hat je den Wunsch geäußert, mich ein zweites Mal zu begleiten. Tatsächlich handelt es sich um eine sehr mühselige Exkursion, und das Erlebnis eines Sonnenaufgangs entschädigt offenbar nicht ausreichend für die nötigen kräftezehrenden Anstrengungen.

Der Mont Ventoux wäre am besten mit einem Haufen Schotter zu vergleichen, wie man ihn vom Straßenbau her kennt. Man schichte nur zerstoßenes Gestein derart auf, daß es auf einer entsprechend soliden Basis bis zu einer Höhe von zwei Kilometern aufragt, verteile sodann auf die kalkweißen Flanken einige Flecken dunklen Waldes, und schon hat man eine klare Vorstellung von diesem Bergmassiv. Wie ein Scherbenhaufen, hier aus kleinen Splittern, dort aus riesigen Felsbrocken bestehend, erhebt es sich aus der Ebene, ohne vorgelagerte kleinere Hügel, ohne jene gestaffelten Terrassen, die den Aufstieg in verschiedene Etappen unterteilen und damit weniger mühselig machen würden.

Unvermittelt beginnt statt dessen die Kletterei über felsige Pfade, deren bester keinen Deut besser ist als ein frisch aufgeschotterter Weg, und so geht es weiter, immer unwegsamer, bis zum Gipfel, dessen Höhe 1912 Meter beträgt. Feuchte Wiesen, lustige Bächlein, bemooste Felsen, der ausgedehnte Schatten hundertjähriger Bäume, wie sie andernorts dem Gebirge so viel Charme verleihen – das alles sucht man hier vergeblich. Statt dessen steigt der Wanderer über endlose Geröllhalden aus Kalkgestein, das mit einem trockenen, fast metallischen Klickern unter den Füßen davonstiebt. Und die »Wasserfälle« des Ventoux sind lediglich Rinnsale aus Geröll. Das Geräusch der beständig davonrollenden Steine ist der Ersatz für das Murmeln der Wasser.

Noch aber sind wir in Bédoin, ganz unten am Fuß des Berges. Die Absprachen mit dem Führer sind getroffen, über die Stunde des Aufbruchs sind wir uns einig, ebenso über die Besorgung des nötigen Proviants. Versuchen wir noch etwas zu schlafen, denn morgen früh werden wir im ersten Dämmerlicht schon auf dem Berg unterwegs sein. Jetzt Schlaf zu finden ist wirklich schwer. In dieser Nacht gelang es mir partout nicht, und die Hauptursache dafür liegt auf der Hand. Ich würde meinen Lesern, die eine botanische Exkursion auf den Ventoux planen, davon abraten, sich an einem Sonntagabend in Bédoin zu verabreden. Nur so vermeiden sie nämlich das lärmende Kommen und Gehen in dem dann vielbesuchten Gasthof, die endlosen Unterhaltungen in voller Lautstärke, das dröhnende Klackern der Karambolagen im

Billardsaal, das Klirren der Gläser, die Trinklieder, das Gegröle der nächtlichen Passanten, die scheppernden Blechbläser des benachbarten Tanzvergnügens und andere unausweichliche Widerwärtigkeiten dieses geheiligten Tages voller Nichtstun und Jubel, Trubel, Heiterkeit. Könnte man unter der Woche besser schlafen? Das wäre wünschenswert, aber ich kann es nicht mit Sicherheit behaupten. Ich jedenfalls habe kein Auge zugetan. Die ganze Nacht quietschte unter meinem Schlafzimmer der rostige Bratenspieß, an dem unser Proviant zubereitet wurde. Nur dünne Bodendielen trennten mich von dieser verteufelten Maschine.

Und nun graut bereits der Himmel. Ein Esel brüllt unter den Fenstern. Es ist Zeit aufzustehen. Man hätte sich gar nicht erst hinlegen sollen. Mundvorräte und Gepäck sind geladen, »Hü und hott!« ruft unser Bergführer, und schon sind wir unterwegs. Es ist vier Uhr morgens. An der Spitze unserer Karawane geht Triboulet mit seinem Maultier und seinem Esel; Triboulet, der Doyen unter den Führern am Ventoux. Meine Botaniker-Kollegen inspizieren im ersten Dämmerlicht des frisch anbrechenden Tages die Pflanzen am Wegesrand, die anderen schwatzen miteinander. Ich folge der Gruppe, das Barometer habe ich über der Schulter hängen, ein Notizbuch und der Bleistift sind griffbereit. Mein Barometer, eigentlich dazu bestimmt, die jeweilige Höhe der verschiedenen botanischen Vegetationsstufen zu messen, dient immer häufiger als Anlaß, die Feldflasche mit Rum kreisen zu lassen. Sobald eine bemerkenswerte Pflanze entdeckt ist, schreit einer: »Schnell, einen Schluck aus dem Barometer!«, und schon drängeln wir uns um die Feldflasche, das physikalische Instrument kommt erst danach zum Einsatz. Angeregt durch die Frische des Morgens und den Marsch, finden wir derart Gefallen an diesem Barometer-Ritual, daß der Pegel des stärkenden Getränks schneller sinkt als jener der Quecksilberanzeige. Angesichts dessen, was wir noch vor uns haben, sollte ich weniger oft auf das Toricelli-Röhrchen schauen.

Nach und nach verschwinden aufgrund der zu kalten Temperaturen die Olivenbäume und vor allem die Steineichen. Danach die Weinstöcke und die Mandelbäume, und noch ein Stück höher auch Maulbeerbaum, Walnuß und Stieleiche. Buchsbaum gedeiht in zunehmender Fülle. Man gelangt in eine eintönige Region, die von den letzten Ausläufern bewirtschafteter Flächen bis hin zu den ersten Buchen reicht, die Vegetation wird hier beherrscht vom Berg-Bohnenkraut, das bei uns volkstümlich als »Eselspfeffer«, *Pébré d'asé*, bekannt ist wegen des scharfen Geschmacks seiner winzigen Blättchen voller ätherischer Öle. Einige der kleinen Käse in unserem Proviant wurden just mit diesem starken Gewürzkraut eingelegt. Manch einer beißt jetzt im Geiste schon in den Käse, manch anderer wirft hungrige Blicke auf die Satteltaschen mit den Lebensmitteln, die das Maultier trägt. Nach dieser harten morgendlichen Leibesübung haben wir Appetit bekommen, ja mehr noch, Heißhunger – das, was Horaz *latrantem stomachum* (einen »knurrenden Magen«) nennt. Ich weise meine Gefährten an, diese Gelüste bis zum ersten Halt zu beschwichtigen, und zeige ihnen mitten im Geröll einen kleinen Sauerampfer mit lanzettlichen Blättchen, den Römischen Ampfer. Mit gutem Beispiel vorangehend, pflücke ich eine Handvoll davon und stopfe sie mir in den Mund. Zunächst lacht man über meinen Vorschlag. Ich lasse sie lachen, und alsbald sehe ich auch die anderen wie um die Wette den köstlichen Ampfer ernten.

Während wir noch die sauren Blätter kauen, erreichen wir die Buchen; zuerst nur vereinzelte, ausladende oder dicht am Boden kriechende Büsche, dann zwergwüchsige Bäumchen, eines eng ans andere gedrängt; schließlich mächtige Stämme, die einen dichten und schattigen Wald bilden; den Boden bedeckt ein regelrechtes Chaos aus Kalkfelsen. Da die Bäume im Winter vom Gewicht des Schnees niedergedrückt und das ganze Jahr über von den wilden Böen des Mistrals gepeitscht werden, sind viele ihrer Äste beraubt, andere zu bizarren Wuchsformen verkrümmt, und manche liegen nur noch flach darnieder.

Mehr als eine Stunde durchwandern wir die waldige Zone, die aus der Ferne wie eine schwarze, um die Flanken des Ventoux gelegte Schärpe anmutet. Bald darauf wachsen die Buchen wieder buschig und nur mehr vereinzelt. Wir haben ihr höchstes Verbreitungsgebiet erreicht, und zur großen Erleichterung von uns allen, dem Ampfer zum Trotz, sind wir am vereinbarten Rastplatz für unsere Mahlzeit angekommen.

Wir befinden uns an der Quelle der Grave, eines spärlichen Rinnsals, dessen Wasser nach seinem Austritt aus dem Boden in eine Reihe von langen Trögen aus Buchenholz geleitet wird, zu denen die Berghirten mit ihren Herden zur Tränke kommen. Die Wassertemperatur der Quelle beträgt sieben Grad, eine unschätzbare Erfrischung für uns, die wir aus dem sengenden Glutofen der

Ebene kommen. Das Tischtuch wird auf einem reizvollen Teppich alpiner Pflanzen ausgebreitet, darunter die Quendelblättrige Mauermiere, deren breite, zarte Kelchblätter wie silbrige Schuppen aussehen. Die Lebensmittel werden aus den Satteltaschen, die Weinflaschen aus ihren Strohumhüllungen ans Licht geholt. Hier unser kräftestärkendes Hauptgericht: knoblauchgespickte Lammkeulen und ganze Stapel von Brot; dort die ungewürzten Hühnchen, die die Backenzähne nur kurz erfreuen, wenn man einen Bärenhunger hat; nahebei, auf einem Ehrenplatz, die kleinen, mit dem Berg-Bohnenkraut gewürzten Ventoux-Käselaibchen à la *Pébré d'asé*; gleich daneben die Würste aus Arles, deren rosafarbenes Fleisch mit Speckwürfeln und Pfefferkörnern marmoriert ist; und dort, in jener Ecke gibt es, wie frisch aus ihrer Beize geholt, die noch feuchtglänzenden grünen Oliven und jene, die in Öl eingelegt wurden; auf der anderen Seite leuchten die Melonen aus Cavaillon, die einen mit weißem, die anderen mit orangefarbenem Fruchtfleisch, also für jeden Geschmack etwas. Hier steht auch noch der Topf mit den Sardellen, deren Genuß zum Trinken verführt, um soviel Salz halbwegs zu überstehen. Letztendlich die im Eiswasser der Tränke gekühlten Flaschen. Haben wir auch nichts vergessen? Doch, wir haben die Krönung der Mahlzeit noch nicht erwähnt, die Zwiebel, die man roh mit Salz verzehrt. Unsere beiden Pariser – ja, wir haben unter uns gleich zwei davon, und dabei handelt es sich um meine Botaniker-Kollegen – sind anfangs etwas verblüfft über dieses allzu üppige Mahl; sie werden aber im Nu die ersten sein, die darüber in Lobreden ausbrechen. Alles ist bereit. Zu Tisch!

So beginnt eines jener homerischen Gelage, die man in seinem Leben nie mehr vergißt. Die ersten Bissen verschlingen wir in geradezu wilder Hast. Die Eile, mit der wir uns in großen Brocken Lamm und Brot einverleiben, ist geradezu beunruhigend. Ohne unsere düsteren Besorgnisse einander mitzuteilen, wirft ein jeder angstvolle Blicke auf die Vorräte und fragt sich insgeheim: »Wenn wir so weitermachen, haben wir dann noch genug für heute abend und für den morgigen Tag?« Unterdessen läßt der erste Hunger nach; anfangs haben wir schweigend alles hinuntergeschlungen, jetzt speist man und schwatzt dabei. Auch die Befürchtungen für den nächsten Tag verfliegen; wir sprechen dem Besorger des Menüs unsere Anerkennung aus, der unseren gierigen Heißhunger vorausgesehen und alle Vorsorge getroffen hat, um ihn auch weiterhin zu stillen. Jetzt ist es an den Feinschmeckern, das Mahl zu würdigen. Einer hält eine Lobrede auf die Oliven, die er, eine um die andere, genüßlich mit seiner Messerspitze aufspießt; der zweite rühmt den Topf mit den Sardellen, während er die kleinen okkergelben Fischlein auf seinem Brot zerstückelt; ein dritter spricht voller Enthusiasmus über die Wurst, bis wir zu guter Letzt einstimmig die kaum handtellergroßen *Pébré-d'asé*-Käse feiern. Kurzum: Pfeifen und Zigarren glimmen ringsum auf, und ein jeder legt sich ins Grüne, den Bauch in der Sonne.

Nach einer Stunde des Ausruhens heißt es: Auf, auf! Die Zeit drängt; wir müssen uns wieder in Marsch setzen. Der Bergführer wird mit dem Gepäck alleine losziehen und am Waldrand entlang eine Route Richtung Westen einschlagen, die für die Saumtiere leichter begehbar ist. Er wird uns in einer Sennerhütte, Jas genannt, erwarten, die an der Obergrenze des Buchenwaldes in 1550 Meter Höhe liegt. Ein »Jas« ist eine große Steinhütte, die Tieren wie Menschen für die Nacht als Unterkunft dient. Wir dagegen setzen jetzt unseren Aufstieg fort, um den Berggrat zu erreichen; ihm folgend, werden wir mit geringerer Mühe zum Hauptgipfel gelangen. Von der Bergspitze aus wollen wir dann nach Sonnenuntergang zum Jas hinuntersteigen, wo der Bergführer bestimmt schon längst angekommen sein wird. So ist es geplant und von allen für gut befunden worden.

Alsbald haben wir den Bergkamm erreicht. Nach Süden hin überblicken wir die schier endlosen, vergleichsweise sanften Hänge, die wir eben erklommen haben; im Norden indes bietet sich uns eine Szenerie von atemberaubender Wildheit. Bald zerklüftet, bald in schroffen Stufen abfallend, ist das Bergmassiv hier nichts anderes als ein gigantischer, eineinhalb Kilometer in die Tiefe stürzender Steilhang. Ein Stein, den man da hinunter wirft, bleibt nirgends liegen und hüpft immer wieder aufschlagend bis zum Grund des Tales, wo der Toulourenc wie ein glitzerndes Band in seinem Flußbett aufleuchtet. Während meine Gefährten über die Geröllhalden klettern und immer wieder Steine in den Abgrund rollen lassen, um diesem entsetzlichen Hinunterkollern nachzuhorchen, entdecke ich, geschützt unter einem breiten, flachen Stein, einen alten Bekannten aus dem Reich der Insekten, die Rauhhaarige Sandwespe. Einzelne Exemplare dieser Art habe ich oftmals schon an Wegböschungen in der Ebene angetroffen, während ich sie hier, fast auf dem Gipfel des Ventoux, zu Hunderten finde, in einem dicken Haufen versammelt und in ein und demselben Versteck.

Ich bin gerade dabei, die Ursache dieser volkreichen Zusammenballung zu erkunden, als der Südwind, der uns schon am frühen Morgen Anlaß zu leichter Besorgnis gegeben hat, plötzlich eine Wolkenwand herantreibt, die sogleich für Regen sorgt. Bevor wir uns dessen noch recht bewußt werden, sind wir schon in dichten, nassen Nebel gehüllt, daß wir keine zwei Schritte mehr weit sehen können. Ein dummer Zufall will es, daß einer von uns, mein hervorragender Freund Th. Delacour, sich etwas abgesondert hat, und zwar auf der Suche nach einer inmitten der Felsen wachsenden Wolfsmilch, *Euphorbia seguieriana* ssp., einer der botanischen Besonderheiten in dieser Höhenlage. Alle zusammen rufen wir aus voller Brust nach ihm, die Hände um den Mund gelegt, damit unsere Stimmen weiter tragen. Keine Antwort. Der Ruf verliert sich im diesigen Gewaber und in dem alle Geräusche schluckenden Raunen der um uns herumwirbelnden Wolkenmassen. Suchen wir also den vom Weg Abgekommenen, da er uns nicht hören kann. Inmitten dieser nebligen Düsternis ist es jedoch unmöglich, einander noch auf mehr als zwei oder drei Schritte Entfernung zu sehen, und ich bin der einzige von uns sieben, der die Örtlichkeiten kennt. Damit wir uns nicht verlieren, fassen wir uns bei den Händen, ich mache dabei den Anfang der Kolonne. Ein paar Minuten lang spielen wir »Blinde Kuh«, doch ohne Erfolg. Delacour, der den Ventoux gut kennt, wird wohl, als er die Wolkenfront kommen sah, das letzte Licht genutzt haben, um schleunigst die Schutzhütte zu erreichen. Und auch wir sollten so schnell wie möglich dorthin gelangen, weil uns das Wasser nicht nur an den Kleidern, sondern längst schon am Leib herunterläuft. Die Zwillichhosen kleben uns an den Beinen wie eine zweite Haut.

Jetzt stellt sich uns freilich eine schwierige Aufgabe: Bei unserer Suche sind wir hin und her, im Kreis und wieder zurück gegangen, so daß ich mich nun fühle wie jemand, dem man die Augen verbunden hat und der auf der Stelle um sich selbst gedreht wurde. Ich habe jede Orientierung verloren; ich habe nicht die geringste Ahnung, in welcher Richtung die südliche Bergflanke liegt. Ich frage einen nach dem anderen meine Gefährten, erhalte jedoch nur zwiespältige und ungefähre Antworten. Ergebnis: Keiner von uns weiß mit Sicherheit, wo Norden oder Süden ist. Niemals zuvor begriff ich so deutlich die Bedeutung der Himmelsrichtungen. Ringsum wallt es nur grau über uns unbekanntem Gelände. Zu unseren Füßen erkennen wir einmal vor und ein andermal hinter uns den Ansatz eines Gefälles. Aber welcher Hang ist der richtige? Wir müssen uns entscheiden und dann zuversichtlich losmarschieren. Wenn wir Pech haben und über den Nordhang absteigen, riskieren wir, in jenen Abgründen zerschmettert zu werden, in die wir vor kurzem noch mit Schauder hinabgesehen haben. Wahrscheinlich würde keiner dies überleben. Einige Minuten lang bin ich von einer bestürzenden Ratlosigkeit erfüllt.

Die Mehrheit meiner Gefährten ist dafür, an Ort und Stelle zu bleiben und das Ende des Regens abzuwarten. Ein schlechter Rat, meinen die anderen, zu denen auch ich gehöre: Der Regen kann noch lange dauern, und durchnäßt, wie wir sind, werden wir hier in der einbrechenden

Kälte der Nacht an Ort und Stelle erfrieren. Mein geschätzter Freund Bernard Verlot vom Pariser *Jardin des Plantes*, der eigens angereist ist, um mit mir zusammen den Mont Ventoux zu ersteigen, legt eine unerschütterliche Ruhe an den Tag; er vertraut meiner Klugheit, diese schwierige Lage zu meistern. Um die Panik der anderen nicht noch zu steigern, ziehe ich ihn ein paar Schritte zur Seite und teile ihm meine schlimmsten Befürchtungen mit. Unsere Übereinkunft behalten wir für uns: Anstelle der fehlenden Kompaßnadel benutzen wir unseren Verstand als Richtungsweiser. »Die Wolken«, frage ich ihn, »zogen doch von Süden heran, oder?« – »Ja, genau aus dem Süden.« – »Auch wenn der Wind kaum zu spüren war, so fiel doch der Regen leicht schräg von Süd nach Nord?« – »Aber ja, das hab' ich auch bemerkt, soweit ich mich erinnern kann.« – »Haben wir damit nicht eine Orientierungshilfe gefunden? Steigen wir also in die Richtung ab, aus welcher der Regen kommt.« Kaum sage ich dies, befallen mich auch schon Zweifel. »Der Wind weht zu schwach, um eine genaue Richtung feststellen zu können. Und dieser Luftzug wechselt vielleicht ständig, wie das eben auf einem von Wolken verhüllten Berggipfel oft passiert. Nichts spricht dafür, daß der Wind seine ursprüngliche Richtung beibehalten hat und jetzt nicht aus Norden weht.« – »Ich teile Ihre Zweifel. Was nun?« Das ist just die schwierigste Frage. Mir kommt ein Gedanke: »Wenn der Wind sich nicht gedreht hat, solange wir unsere Orientierung noch nicht verloren hatten, dann müßten wir auf unserer Linken mehr durchnäßt sein, weil der Regen ja von daher kam. Hat er sich dagegen gedreht, müßten wir überall gleichmäßig naß sein. Also tasten wir uns ab und entscheiden uns dann. Einverstanden?« – »Einverstanden.« – »Und wenn ich mich täusche?« – »Sie werden sich schon nicht täuschen.«

Mit knappen Worten erklären wir unseren Gefährten den Sachverhalt. Alle tasten sich ab, nicht nur von außen, sondern bis unter die Leibwäsche, um ganz sicherzugehen. Meine Erleichterung ist unbeschreiblich, als alle ohne Ausnahme erklären, sie seien links durchnäßter als rechts. Der Wind hat sich nicht gedreht. Nun gut: Wenden wir uns in die Richtung, aus der der Regen kommt. Unsere Kolonne formiert sich wieder, ich an der Spitze. Verlot bildet die Nachhut, damit kein Nachzügler verlorengeht. Vor dem Aufbruch frage ich noch einmal: »Wollen wir's also riskieren?« – »Wagen Sie es; ich werde Ihnen folgen.« Und so stürzen wir uns blindlings und voller Zweifel ins Ungewisse.

Wir haben noch keine zwanzig Schritte, schwierig zu meisternde, da steil bergab führende Schritte getan, als alle Furcht vor einem Scheitern schwindet. Zu unseren Füßen gähnt kein tiefer Abgrund, wir wandern vielmehr, wie erhofft, auf steinigem Boden, auf Geröll, das noch lange hinter uns herrollt. Dieses Gekullere, sicherer Hinweis, daß wir uns auf fester Erde bewegen, klingt uns allen wie himmlische Musik in den Ohren. Nach ein paar Minuten erreichen wir die Obergrenze des Buchenwaldes. Hier ist es noch viel dunkler als auf dem Berggipfel: Man muß sich tief bücken, um überhaupt zu erkennen, wo man den Fuß hinsetzen kann. Wie sollen wir inmitten dieser Finsternis zu der im dichten Wald versteckten Hütte finden? Zwei Pflanzen, der Gute Heinrich und die Große Brennessel, dienen mir als Führer; sie sind stets zuverlässige Anzeichen für Orte, an denen Menschen verkehren. Beim Marschieren sichele ich ständig mit der freien Hand durch die Luft. Jedesmal, wenn ich mich verbrenne, weiß ich: Da wächst mein Wegweiser, eine Brennessel. Verlot als aufmerksame Nachhut ficht ebenfalls, so gut er kann, und macht die spärliche Sicht mit den juckenden Nadelstichen wett. Unsere Kameraden zeigen wenig Vertrauen in diese Vorgehensweise. Sie reden davon, den Abstieg schleunigst fortzusetzen und, wenn es sein muß, sogar nach Bédoin zurückzukehren. Verlot aber vertraut voll und ganz dem botanischen Spürsinn, mit dem er selbst begabt ist; er schließt sich meiner Meinung an und besteht auf unserer Suchmethode; er beruhigt die Mutlosesten und erklärt ihnen, daß es möglich ist, trotz der Dunkelheit unsere Unterkunft zu finden, indem wir mit den Händen die Kräuter befragen. Man beugt sich schließlich unseren Argumenten, und wenig später, von Brennesselbusch zu Brennesselbusch, erreicht der Trupp die Sennerhütte.

Delacour ist schon da, und auch der Bergführer mit unserem Gepäck; beide konnten sich rechtzeitig vor dem Regen in Sicherheit bringen. Das lodernde Feuer im Jas und trockene Kleider lassen uns bald die gewohnte gute Laune wiedergewinnen. Ein Schneeblock, aus der benachbarten Talmulde herbeigeschafft, wird in einem Sack vor den offenen Kamin gehängt. In einer Flasche sammelt sich das geschmolzene Wasser; diese Vorrichtung wird uns während des Abendessens als Brunnen dienen. Die Nacht verbringen wir schließlich auf einem Lager aus Buchenblättern, die unsere Vorgänger längst zerrieben haben – und die waren zahlreich. Wer weiß, seit wie vielen Jahren diese Matratze nicht mehr erneuert wurde, die inzwischen jedenfalls zu Humus geworden ist. Den Schlaflosen wird aufgetragen, sich um das Feuer zu kümmern. Unaufhörlich stochert einer in der Glut, denn der Rauch, der keinen anderen Abzug findet als ein Loch im Dachgewölbe, erfüllt die Hütte mit so viel Qualm, daß man darin Heringe räuchern könnte. Um halbwegs atmen zu können, liegen wir ganz flach, mit der Nase dicht am Erdboden. Man hustet, flucht, schürt das Feuer, findet aber keinen Schlaf.

Schon um zwei Uhr morgens sind wir alle auf den Beinen und für den Aufstieg zum Berggipfel gerüstet, um dort den Sonnenaufgang zu erleben. Es hat aufgehört zu regnen, der Himmel ist wunderbar klar und verspricht einen herrlichen Tag.

Beim Aufstieg verspüren einige eine leichte Übelkeit, die wohl vor allem auf die Müdigkeit zurückzuführen ist; dazu kommt die dünne Luft. Das Barometer ist auf 140 Millimeter gefallen; die Luft, die wir einatmen, ist um ein Fünftel weniger dicht, enthält also auch ein Fünftel weniger Sauerstoff. Bei gutem körperlichem Zustand nimmt man diese unerhebliche atmosphärische Veränderung kaum wahr; aber bei uns kommt die Erschöpfung nach der schlaflosen Nacht dazu, und so verschlimmert sie unser Unwohlsein. Wir steigen also ganz langsam auf, mit schmerzenden Gliedern und keuchendem Atem. Alle zwanzig Schritte muß einer zum Verschnaufen haltmachen. Endlich kommen wir oben an. Wir flüchten uns in die schlichte Kapelle zum Heiligen Kreuz, um wieder zu Atem zu kommen; die beißende frühmorgendliche Kälte bekämpfen wir, indem wir die Feldflasche kreisen lassen;

diesmal leeren wir sie fast bis zur Neige. Alsbald geht die Sonne auf. Bis zum weit entfernten Horizont wirft der Ventoux seinen dreieckigen Schatten, dessen Ränder wegen der Brechung der Lichtstrahlen violett schillern. Nach Süden und Westen erstrecken sich dunstige Ebenen, in denen wir, als die Sonne etwas höher steigt, das silberne Band der Rhône ausmachen können. Im Norden und Osten breitet sich unter uns wie ein Meer aus weißer Watte eine mächtige Wolkendecke aus; die dunklen Gipfel der niedrigeren Berge ragen daraus wie kleine Schlackeninseln hervor. Von den Alpen funkeln einige Gebirgsmassive mit ihren Gletscherhauben herüber.

Wir müssen uns freilich von diesem magischen Schauspiel losreißen: Die Flora ruft uns. Die Jahreszeit für unsere Ersteigung, wir sind im August, ist etwas spät gewählt; die meisten Pflanzen sind verblüht. Ist jemand auf eine reichhaltige Kollektion für sein Herbar erpicht, muß er in der ersten Juli-Hälfte hier oben sein und vor allem den Schafherden zuvorkommen. Wo Hammel gegrast haben, lassen sich nur noch kümmerliche Reste sammeln. Im Juli präsentiert sich der Gipfel des Ventoux als ein einziger Blumengarten, denn da ist er noch von den Mahlzähnen der Tiere verschont; ein dichter Blütenteppich überzieht zu dieser Zeit seine Geröllschicht. In meinen Erinnerungen an frühere Aufstiege tauchen die noch vom Morgentau tropfenden graziösen Büschel des Mannsschilds auf, dessen weiße Blütenköpfe in der Mitte ein zartrosa Auge haben; das Mont-Cenis-Veilchen, dessen große blaue Blüten zwischen den Kalksplittern wachsen; der Weidenblättrige Baldrian, der den süßlichen Duft seiner Blütenstände mit dem an Exkremente erinnernden

Geruch seiner Wurzeln vermengt. Die Herzblättrige Kugelblume wiederum bildet einen grellgrünen weichen Teppich, der mit blauen Blütenknöpfchen übersät ist; das Blau des Alpenvergißmeinnichts konkurriert indes mit dem Blau des Himmels; die Candoll-Schleifenblume, deren dünner Stengel einen Schopf aus dichtstehenden weißen Blütchen trägt, windet sich anmutig durchs Geröll; der Rote und der Moosige Steinbrech wachsen beide in üppigen dunklen Polstern, ersterer ist mit rosaroten, letzterer mit weißen, gelblich angehauchten Blütenkelchen übersät. Sobald die Sonne kräftiger scheint, sieht man einen Schmetterling in graziösem Flug von einem blühenden Büschel zum nächsten flattern; er hat auf seinen weißen Flügeln vier lebhaft karminrote, schwarzumrandete Flecken. Es ist der Apollofalter, ein eleganter Bewohner auch auf den einsamen Höhen der Alpen, in Nachbarschaft des ewigen Schnees. Seine Raupe lebt auf den verschiedenen Steinbrecharten.

Apollofalter

Beenden wir hier meine kleine Aufzählung, diesen Vorgeschmack auf die süßen Freuden, die einen Naturforscher auf dem Gipfel des Mont Ventoux erwarten, und kommen wir auf die Unmenge an Rauhhaarigen Sandwespen zurück, die sich gestern, als die Regenwolken uns einhüllten, so dicht aneinandergedrängt unter einem Stein in Sicherheit gebracht hatten.

Migranten

Ich habe im vorigen Kapitel erzählt, wie ich an den Steilhängen des Mont Ventoux, auf einer Höhe von etwa 1800 Metern, eines jener für einen Entomologen so beglückenden Erlebnisse hatte, die fruchtbare Folgen haben könnten, passierten sie nur häufig genug, um sie für weitere Studien zu nutzen. Leider war meine Beobachtung einmalig, und ich habe kaum Hoffnung, daß sie sich jemals wiederholt. Ich kann mich also nur auf Vermutungen stützen, und es bleibt künftigen Beobachtern überlassen, meine Annahmen zu bestätigen.

Unter einem breiten, flachen Stein verborgen fand ich einige hundert Rauhhaarige Sandwespen (*Ammophila hirsuta*)*, die sich, die einen über den anderen, fast so dicht aneinanderdrängten wie Bienenschwärme in ihren typischen traubenartigen Gebilden. Kaum hatte ich den Stein hochgehoben, begann diese haarige Miniaturwelt durcheinanderzukrabbeln, ohne daß auch nur eine einzige den Versuch machte, davonzufliegen. Mit beiden Händen verschob ich nun vorsichtig den kompakten Haufen, aber noch immer machte kein Insekt Anstalten, die Gruppe zu verlassen. Irgendein gemeinsamer Zweck schien sie untrennbar zusammenzuhalten, nicht einer fliegt davon, wenn, dann nur alle zusammen. Mit größter Vorsicht untersuchte ich nun den flachen Stein, unter dem sie Schutz gefunden hatten, den Fleck Erde, auf dem er gelegen hatte, ebenso wie ringsum den Boden: Ich konnte jedoch nichts entdecken, was mir die Ursache für diese eigenartige

Rauhhaarige Sandwespe

Versammlung hätte verraten können. So konnte ich nichts anderes tun als versuchen, sie zu zählen. Ich war noch mit dem Zählen beschäftigt, als dicke Wolken aufzogen, die meinen Beobachtungen ein Ende setzten und mich und meine Begleiter in Finsternis hüllten, von der ich im vorigen Kapitel berichtet habe. Bei den ersten Regentropfen und noch bevor wir weitergingen, beeilte ich mich, den Stein zurückzulegen und die Sandwespen wieder darunter in Sicherheit zu bringen. Ich muß mich dafür selbst loben und hoffe, der Leser wird es mir hoch anrechnen, daß ich alle Vorsicht walten ließ, um die durch meine Neugier gestörten armen Tierchen nicht den Unbilden des Wetters auszusetzen.

Die Rauhhaarige Sandwespe ist im Flachland keineswegs selten, aber immer begegnet man nur jeweils einzelnen Vertretern der Art, meistens entlang von Wegen oder an sandigen Böschungen. Manchmal sind sie gerade mit dem Ausheben ihrer Erdröhre beschäftigt, ein andermal sieht man sie beim Transport einer dicken Raupe. Die *Ammophila* lebt solitär wie die verwandten Heuschrekken-Sandwespen (*Sphex*) des Languedoc. Daher war es für mich eine große Überraschung, diesen Hautflügler unweit des Mont-Ventoux-Gipfels in solch großer Anzahl unter ein und demselben Stein vereint zu finden. Anstelle des einzelgängerischen Individuums, wie ich es bis dahin gekannt hatte, bot sich hier meinem Blick eine volkreiche Versammlung. Versuchen wir, die möglichen Ursachen dieser Zusammenballung zu ergründen. Als ausgesprochen seltene Ausnahme unter den grabenden Hautflüglern baut die Rauhhaarige Sandwespe bereits in den ersten Frühlingstagen ihre Nisthöhle: bei mildem Klima gegen

Ende März, spätestens aber in der ersten Aprilhälfte, genau dann, wenn die Grillen noch in ihrem Winterquartier stecken, eben das Erwachsenenstadium erreichen und mühselig die Haut ihres Jugendkleids abzustreifen beginnen. Zur gleichen Zeit also, wenn die Dichter-Narzisse ihre ersten Blüten entfaltet und die Grauammer hoch oben in den Pappeln ihr langstrophiges Gezwitscher über das Grasland ertönen läßt, ist die Rauhhaarige Sandwespe schon damit beschäftigt, das Domizil für ihre Larven auszuheben und das nötige Futter herbeizuschaffen. Andere Grabwespen-Arten und sonstige räuberische Hautflügler erledigen diese Arbeit dagegen erst im Herbst, das heißt im September oder im Oktober. Dieser so frühe Nestbau der Rauhhaarigen Sandwespe, sechs Monate vor dem Zeitpunkt, den die überwiegende Mehrheit ihrer Verwandten dafür wählt, gibt Anlaß zu weiteren Überlegungen.

So fragt man sich, ob diese Sandwespen, die in den ersten Apriltagen ihre Neströhren bauen, in diesem Jahr geschlüpfte Insekten sein können; also ob diese Frühlingsarbeiter in den vorangegangenen drei Monaten ihre Metamorphose vollenden und ihren Kokon verlassen konnten. Im allgemeinen entwickeln sich solche Bodenwühler erst einmal zum fertigen Insekt, bevor sie dann als Imagines ihre unterirdischen Bauten verlassen und sich in derselben Saison um ihre Nachkommenschaft kümmern. Die meisten beutemachenden Hymenopteren entschlüpfen gewöhnlich im Juni oder Juli ihren Erdröhren, in denen sie im Larvenstadium überwintert haben, erst in den darauffolgenden Monaten, im August, September oder Oktober, beginnen sie schließlich mit dem unermüdlichen Tagwerk ihres Wühlens und Jagens.

Läßt sich eine ähnliche Regel auf die Rauhhaarige Sandwespe übertragen? Findet die letzte Etappe der Metamorphose im selben Jahr statt wie die Schürfarbeit für den Nachwuchs? Das ist zu bezweifeln, denn besagter Hautflügler, der Ende März mit dem Aushöhlen seiner Niströhre beschäftigt ist, müßte demnach schon während des Winters, spätestens aber bis Ende Februar seine Verwandlungszyklen beendet und die Schutzhülle seines Kokons durchbrochen haben. Das rauhe Klima dieser Jahreszeit läßt indes einen solchen Schluß nicht zu. Just in diesen Wochen heult der eisige Mistral oft fünfzehn Tage lang in Folge und läßt den Boden gefrieren. Im Anschluß an den Eiseswind setzen mitunter heftige Schneefälle ein. Wie sollte sich da der heikle Prozeß der Nymphenentwicklung vollziehen können? Wie sollte da das fertige Insekt auf die Idee kommen, aus seinem schützenden Kokon zu schlüpfen? Um ihre Zelle verlassen zu können, braucht die *Ammophila* ein gut durchfeuchtetes Erdreich und vor allem die Wärme der Sommersonne.

Wüßte ich den genauen Zeitpunkt, zu dem die Rauhhaarige Sandwespe aus ihrer Geburtshöhle kriecht, wäre mir bei meinen Überlegungen schon viel weitergeholfen. Aber zu meinem größten Bedauern habe ich keine Ahnung. In meinen Tag für Tag gemachten Notizen, in denen dieses unvermeidliche Durcheinander herrscht, wie es eben eine solche stets vom Zufall abhängige Recherche mit sich bringt, finde ich keinen Eintrag hierüber. Erst heute, da ich meine Unterlagen zusammenfassen und meine Ergebnisse niederschreiben will, merke ich, wie wichtig diese Information ist. In meinen Notizen habe ich zum Beispiel an einem 5. Juni das Schlüpfen einer Gemeinen

Sandwespe (*Ammophila sabulosa*) erwähnt, und am 20. desselben Monats finde ich den Hinweis auf eine eben geschlüpfte Silbersandwespe (*Ammophila argentata*)**. Nichts in meinen Archivalien gibt mir jedoch Auskunft über den Schlupfzeitpunkt der *Ammophila hirsuta*, der Rauhhaarigen Sandwespe. Dieses Detail habe ich wohl aus Vergeßlichkeit nicht notiert. Die Angaben zu den anderen beiden Arten stimmen mit den allgemeinen Regeln überein: Das fertige Insekt taucht erst während der Sommerhitze auf. Analog dazu folgere ich, daß auch die Rauhhaarige Sandwespe um diese Zeit schlüpft.

Wie erklären sich dann jene Sandwespen, die man schon Ende März oder Anfang April beim Bau ihrer Höhlen beobachten kann? Zwangsläufig kommt man wohl zu dem Schluß: Diese Hautflügler stammen nicht aus diesem, sondern aus dem vorigen Jahr. Zur üblichen Zeit, im Juni oder Juli, schlüpfen sie aus ihren unterirdischen Zellen, und dann überwintern sie, um so bald wie möglich im Frühjahr mit dem Nestbau zu beginnen. Mit einem Wort: Hier handelt es sich um überwinternde Insekten. Meine Beobachtungen bestätigen diese Schlußfolgerung voll und ganz.

Man untersuche nur einmal mit etwas Geduld jene der Sonne zugewandten, aus Sand oder Erde geschichteten Böschungen, wo Jahr für Jahr Generationen verschiedener honigsammelnder Hautflügler aufeinanderfolgen. Längst haben sie den Hang mit einem Labyrinth aus unzähligen Gängen durchlöchert, so daß er nun wie ein riesiger Schwamm aussieht. Dort kann man mit ziemlicher Sicherheit mitten im Winter die Rauhhaarige Sandwespe aufspüren; allein oder in Grüppchen von drei, vier Artgenossen, wartet sie dort reglos in ihrer sonnenbeschienenen Röhre auf die ersten milden Tage. Welch ein kleines Fest, noch während der Unbilden und der Kälte des Winters – und so oft ich wollte – den zierlichen Hautflügler wiederzusehen, der beim ersten Gesang der Grauammer und der Grille die Grasränder der Wege mit Leben erfüllen würde. Sobald es etwas milder ist und die Sonne kräftiger scheint, kriecht das kälteempfindliche Insekt an den Eingang seines Unterstands, um sich dort genüßlich von den schon intensiven Sonnenstrahlen wärmen zu lassen; manchmal wagt es sich vorsichtig ein Stück weiter ins Freie und krabbelt langsam, sich die Flügel putzend, über die schwammartig durchlöcherten Erdschichten. Genauso macht es die kleine Mauereidechse, sobald die Sonne ihre angestammten alten Steinmauern aufzuheizen beginnt.

Vergeblich aber würde man im Winter selbst an den geschütztesten Stellen eine Knotenwespe (*Cerceris*), eine Heuschrecken-Sandwespe (*Sphex*), einen Bienenwolf (*Philanthus*), eine Kreiselwespe (*Bembix*) oder andere Hymenopteren suchen, deren Larven sich fleischlich ernähren. Sie alle sterben nach ihrer herbstlichen Arbeit; während der kalten Jahreszeit gibt es sie nur in Gestalt ihrer Larven, die unbeweglich auf dem Grund ihrer Nistzellen verharren. Wie die Abkömmlinge der oben genannten Gattungen schlüpft die Rauhhaarige Sandwespe zwar ebenso während der heißen Monate; als äußerst seltene Ausnahme aber überwintert sie anschließend geschützt in einem warmen Versteck; allein deshalb kann sie so zeitig im Frühjahr wieder zum Vorschein kommen.

Versuchen wir nun anhand dieser Vorgaben den Sandwespen-Schwarm zu erklären, den wir auf den Kammlagen des Mont Ventoux beobachtet haben. Was hatten diese unzähligen, zusammengeballten Hautflügler unter dem Schutz des Steins zu suchen? Beabsichtigten sie, dort ihr Winterquartier aufzuschlagen und starr unter diesem steinernen Obdach die für ihre Erdarbeiten wieder günstige Jahreszeit abzuwarten? Das mutet eher unwahrscheinlich an. Mitten im August, während der größten Hitze, wird doch kein Tier von winterlicher Schläfrigkeit befallen. Gerade um diese Zeit herrscht kein Mangel an Nahrung, etwa jenem honigsüßen, mit Leichtigkeit aufzuschleckenden Nektar in der Tiefe der Blütenkelche. Bald schon, im September, beginnen zudem die saisonüblichen Regengüsse, dank derer die während der Hundstage zum Stillstand verurteilte Vegetation mit neuer Kraft das Gelände wieder fast so üppig wie im Frühling mit Blüten überziehen wird. Diese Jubelzeit für die Mehrzahl der Hautflügler dürfte auch für die Rauhhaarige Sandwespe nicht der Moment sein, in winterliche Lethargie zu verfallen.

Ist es denn ferner überhaupt vorstellbar, daß ein so wärmeliebendes Insekt sich als Winterquartier ausgerechnet jene Höhen des Mont Ventoux aussucht, wo heftigste Mistral-Böen manchmal sogar Buchen und Tannen entwurzeln? Wo der eisige Nordwind sechs Monate im Jahr immer wieder Schnee um die Gipfel wirbelt und wo die meiste Zeit kalte Nebelschleier und Wolken die Gipfelregion umwallen? Dann könnte das Insekt ebenso zwischen den Eisschollen des Nordkaps überwintern. Nein, hier oben verbringt die Rauhhaarige Sandwespe auf keinen Fall die schlechte Jahreszeit. Der dort beobachtete Insektenschwarm war nur auf der Durchreise. Bei den ersten Anzeichen des herannahenden Regens, die zwar uns entgangen waren, nicht aber den überaus feinfühlig auf atmosphärische Veränderungen reagierenden Insekten, hatte sich die Schar unter den Stein geflüchtet und wartete dort das Ende des Regens ab, um danach wieder weiterzufliegen. Wo aber kamen sie her? Wo flogen sie hin?

Zur selben Zeit, im August und hauptsächlich im September, erreichen Trupps kleiner Zugvögel das heiße Land der Olivenbäume; etappenweise ziehen sie gen Süden, fort aus den Ländern, in denen sie gebalzt haben, fort aus jenen viel kühleren, waldreichen Ländern mit einem gemäßigteren Klima als dem unseren, wo sie ihren Nachwuchs aufgezogen haben. Sie kommen fast immer am selben Tag an, in stets gleicher Reihenfolge, als gelte es, einen feststehenden Termin auf einem nur ihnen bekannten Kalender einzuhalten. Nur ein paar Tage verbringen sie in unseren Ebenen, eine opulente Etappe, reich an Insekten, die für viele die wichtigste Nahrung darstellen. Scholle um Scholle durchsuchen die Vögel unsere Äcker, auf denen gerade jetzt die Pflugscharen mit jeder frisch gezogenen Furche eine Menge Würmer zum Schmaus freilegen. Bei solcher Kost bekommen die Vögel wieder runde Bürzel voller Fett und speichern Kraftreserven für die kommenden Anstrengungen. Wohlversorgt mit dieser Wegzehrung, setzen sie schließlich ihren Zug in den Süden fort, um sich in jene Länder ohne Winter zu begeben, wo es an Insekten niemals mangelt: Spanien und Süditalien, die Mittelmeerinseln und Afrika. Bei uns aber beginnt mit ihrer Ankunft erst einmal die freudige Saison der Jagd und der schmackhaften Schmätzer-Spießchen.

Die Kalanderlerche, hierzulande auch »Créou« genannt, kommt als erster Zugvogel an. Kaum hat der August begonnen, sieht man sie die steinigen Felder durchforschen auf der Suche nach den kleinen Samen der Borstenhirse, eines Süßgrases, das sich als Ackerunkraut immer mehr auf den bestellten Äckern ausbreitet. Bei der geringsten Störung fliegt die Lerche in die Luft, mit einem schrillen Alarmruf, wie er in ihrem provenzalischen Namen anklingt. Auf sie folgt alsbald das Braunkehlchen, das in den abgeernteten Luzernenfeldern in aller Ruhe kleine Rüsselkäfer, Feldheuschrecken und Ameisen erbeutet. Das Braunkehlchen, die Zierde jedes Bratspießes, führt dabei die illustre Schar der Schmätzer nur an. Nächster Ankömmling ist, gleich in den ersten Septembertagen, der berühmte Steinschmätzer oder »Weißbürzel«, der von den Feinschmeckern in höchsten Tönen gelobt wird. Der von den römischen Gourmets bevorzugte Trauerschnäpper indes, dem die Epigramme Martials Unsterblichkeit verliehen haben, ergibt niemals solch einen exquisiten und aromatischen Happen wie der Steinschmätzer, der durch seine ungezügelte Freßsucht geradezu unerhört fett ist. Er ist ein hemmungsloser Vertilger von Insekten jeder Art. Als Jäger und Naturforscher habe ich in meinen Sammlungen glaubwürdige Belege dafür, was sein Magen alles zu fassen vermag. Man findet darin das gesamte wuselige Volk, das die brachliegenden Äcker bewohnt: Larven und Rüsselkäfer aller Art, Feldheuschrecken, Sandlauf-, Schild- und Blattkäfer, Grillen, Ohrwürmer, Ameisen, Spinnen, Asseln, Tausendfüßer und vieles andere mehr. Und um Abwechslung in diese höchlich schmackhafte Ernährung zu bringen, pickt sich der Vogel hier und da auch Trauben, Brombeeren oder Kornelkirschen. Derlei also umfaßt das Mahl, dem der Steinschmätzer unermüdlich frönt, wenn er von einer Ackerfurche zur nächsten fliegt und mit seinen aufgespreizten weißen Schwanzfedern an einen aufgescheuchten Schmetterling erinnert. Gott allein weiß, wie er sich bei seiner Korpulenz überhaupt in die Luft erheben kann.

Einer aber übertrifft den Steinschmätzer noch in der Kunst des Sichmästens. Er zieht zur gleichen Zeit nach Süden und ist ebenfalls ein passionierter Insektenvertilger: der Brachpieper, *Anthus campestris*, wie er komischerweise offiziell heißt, während der letzte unserer Hirten nie gezögert hat, ihn schlicht *Grasset* (»Fettwanst«) zu nennen, ist er doch ein ausgesprochen fetter Vogel. Dieser Name vermittelt zur Genüge seinen vorrangigen Wesenszug. Denn kein anderer frißt sich einen derartigen Ranzen an. Sobald sich seine Fettpolster über Flügel, Hals und Nacken ausbreiten, sieht der Vogel aus wie ein kleiner Butterkloß. Nur mit Mühe kann der Bedauernswerte von einem Maulbeerbaum zum nächsten flattern, wo er im dichten Laub erst einmal um Atem ringt, halb erstickt von seinem drallen Wanst – kurz: Er ist ein Opfer seiner Leidenschaft für Rüsselkäfer.

Der Oktober bringt uns schließlich die grazile Bachstelze ins Land, halb aschfarben, halb weiß gefiedert, der Scheitel und das breite Brustband dagegen samtschwarz. Dieser anmutige, stets trippelnde und mit dem Schwanz wippende Vogel folgt dem pflügenden Bauer auf den Fersen und pickt die Würmer aus den frisch aufgeworfenen Furchen. Ungefähr zur gleichen Zeit kommen die Lerchen an, zunächst in kleinen Trupps, als Kundschafter vorausgeschickt, dann in zahlreichen Scharen, die die Weizenfelder und die brachliegenden Äcker in Besitz nehmen, auf denen es die Samen der Borstenhirse, ihre Hauptnahrung, im Überfluß gibt. In der Ebene, mitten in diesem unendlichen morgendlichen Funkeln der Tautropfen und der Rauhreifkristalle auf jedem Grashalm, blitzt um diese Zeit immer wieder der »Lerchen-Spiegel« auf, sobald die Strahlen der Morgensonne auf die rotierenden Scheiben dieses Jagdgeräts treffen. Bald darauf fliegt die von der Hand des Jägers in die Luft geworfene Eule auf und läßt sich nach kurzem Flatterflug mit brüskem Ruck und schreckhaft geweiteten Augen wieder nieder – und schon taucht eine Lerche auf, fällt in ihren typischen senkrechten Sinkflug, um voller Neugier diese Blitze erzeugende Maschine oder auch den grotesken Vogel aus der Nähe zu inspizieren. Da haben wir sie vor uns, kaum zehn Schritte entfernt, mit den wie lose herabhängenden Beinchen, den ausgebreiteten Flügeln, herabschwebend wie der Heilige Geist. Das ist der richtige Augenblick: ins Visier genommen und – Schuß. Ich wünschte mir, daß meine Leser das Glücksgefühl einer solch faszinierenden Jagd einmal erleben könnten.

Mit der Lerche kommt, oft im gleichen Schwarm, auch der Wiesenpieper zu uns, der im Volksmund »Sisi« genannt wird. Also wieder eine Lautmalerei, die den knappen Signalruf des Vogels wiedergibt. Ungestümer als er reagiert keiner auf unsere Lock-Eule, die er mit ständigem Flügelschlag umkreist. Verfolgen wir nun aber nicht länger die Parade der bei uns vorbeikommenden Zugvögel.

Die meisten machen hier nur kurz halt; sie bleiben ein paar Wochen, verlockt vom Überfluß an Nahrung, vor allem an Insekten; gestärkt und wohlgerundet setzen sie dann ihre Reise gen Süden fort. Andere, kleinere Trupps wählen unsere Ebenen auch als Winterquartier, weil es hier nur selten schneit und Tausende von Samenkörnchen auf dem Boden herumliegen, selbst in der rauhesten Jahreszeit. Die Lerche ist ein solcher Wintergast, der die Getreidefelder und Brachflächen aberntet, ebenso der Wiesenpieper, der die Luzernenfelder und unser Grasland bevorzugt.

Die fast überall in Frankreich heimische Feldlerche nistet nicht in den Ebenen des Vaucluse; an ihrer Statt brütet hier unser »Cochevis«, also die Haubenlerche, eine Freundin der Landstraße – und beliebt bei den Streckenarbeitern an den Eisenbahnlinien. Man muß freilich von uns aus nicht weit in den Norden reisen, um die Orte zu finden, an denen sie mit Vorliebe ihre Eier legt. Schon im angrenzenden Département Drôme gibt es zahlreiche Nester dieses Vogels. So ist mit ziemlicher Sicherheit anzunehmen, daß unter den Lerchenschwärmen, die den ganzen Herbst und Winter die hiesigen Ebenen in Besitz nehmen, viele nur aus der Drôme zu uns herunterkommen. Statt einer langen Reise brauchen sie nur ins benachbarte, südlichere Département zu ziehen, um schneefreie Ebenen und genügend Sämereien vorzufinden.

Ein ähnliches Kurzstrecken-Zugverhalten scheint mir auch der Grund für die überraschende Versammlung der Rauhhaarigen Sandwespen auf dem Gipfel des Mont Ventoux zu sein. Ich habe bereits dargelegt, daß dieser Hautflügler als fertiges Insekt in irgendeinem Unterstand überwintert, in dem er den Monat April abwartet, um sein Nest zu graben. Wie die Lerche muß auch die Sandwespe ihre Vorkehrungen für die frostige Jahreszeit treffen. Auch wenn sie keinen Mangel an Futter zu befürchten hat, da sie bis zur Wiederkehr der Blumen ohne jede Nahrung auskommt, hat sie sich doch, kälteempfindlich, wie sie ist, wenigstens vor dem drohenden Erfrierungstod in Sicherheit zu bringen. Folgerichtig flieht sie aus schneereichen Gegenden und Landstrichen, in denen der Boden tief gefriert. Und so versammelt sie sich mit ihren Artgenossen wie die Zugvögel zu Reisegesellschaften, die Berge und Täler überfliegen, um in den von der mediterranen Sonne erwärmten alten Mauern und sandigen Böschungen ein Quartier zu suchen. Ist die Kälteperiode wieder vorbei, kehren sie, als komplette Bande oder in kleinen Trupps, in ihre angestammte Heimat zurück. So könnte sich die Gruppe der Sandwespen am Mont Ventoux erklären lassen. Es war ziehendes Volk, das da, aus den kalten Gegenden der Drôme kommend, auf dem Weg in die warmen Regionen des Olivenbaums das tiefe und breite Tal des Toulourenc überflogen hatte und, vom Regen überrascht, auf einer Felsnase des Bergs einen Halt einlegte. Um sich der winterlichen Kälte zu entziehen, scheint die Rauhhaarige Sandwespe demnach zur Migration gezwungen zu sein. Und zur selben Zeit, in der die Zugvögel in Scharen über uns hinwegziehen, unternehmen diese Insekten ihre Reise aus einer kälteren in eine benachbarte und weitaus wärmere Gegend. Stimmt meine Theorie, müßten sie ein paar Täler überqueren und ein paar Berghöhen überwinden, um das gewünschte Klima vorzufinden.

Ich habe zwei weitere Beispiele für außergewöhnliche Insekten-Versammlungen in großen Höhen notiert. Im Oktober fand ich einmal die Kapelle auf dem Gipfel des Mont Ventoux von Siebenpunkt-Marienkäfern (*Coccinella septempunctata*) bedeckt, die bei uns im Volksmund »Tiere des lieben Gottes« heißen. Sowohl über das steingedeckte Dach wie über die Mauern verteilt, drängten sich diese Insekten so dicht aneinander, daß der grobschlächtige Bau aus einiger Entfernung aussah, als sei er aus lauter roten Korallenkügelchen gefügt. Ich würde nicht wagen, die Zahl dieser Myriaden von Marienkäfern zu schätzen, die sich dort zu einer solchen Generalversammlung eingefunden hatten. Nahrung wird es bestimmt nicht gewesen sein, die diese Blattlausvertilger auf den immerhin fast 2000 Meter hohen Gipfel des Mont Ventoux gelockt hatte. Die Vegetation dort ist mager, und noch niemals haben sich Blattläuse dorthin verirrt.

Siebenpunkt-Marienkäfer

Ein anderes Mal, im Juni, wurde ich in der Nähe des Ventoux auf der Hochebene des Berges Saint-Amans in 734 Metern Höhe Zeuge einer ganz ähnlichen, aber zahlenmäßig viel kleineren Zusammenkunft. Auf dem am weitesten vorspringenden Punkt des Plateaus, unmittelbar am Rand der felsigen Steilwand, ragt auf einem Sockel aus behauenen Steinen ein Kreuz in die Höhe. Auf diesem Fundament und auf dem Felsen, der ihm als Basis dient, sah ich dieselben Coleoptera wie auf dem Ventoux, also siebenpunktige Marienkäfer, die sich zu Legionen versammelten. Die meisten der Insekten verharrten reglos, doch da, wo die Sonne das Gestein aufheizte, gab es ein beständiges Kommen und Gehen, zwischen denen, die eben heranflogen und sich einen Platz suchten, und anderen, die zu einem kurzen Rundflug aufbrachen.

Hier nun, genauso wie auf dem Gipfel des Mont Ventoux, fand ich keinerlei Anhaltspunkte zur Erklärung dieser seltsamen Zusammenkunft an einem solch unwirtlichen Ort; keine Spur einer Blattlaus und nichts, das Marienkäfer hätte anlocken können; nichts, was mir das Geheimnis dieser so volkreichen Versammlungen auf derlei hochgelegenem Mauerwerk verraten hätte. Waren dies Beispiele für das Zugverhalten in der Insektenwelt? Könnte es eine jener Ansammlungen gewesen sein wie die der Schwalben am Tag vor dem gemeinsamen Abflug? Waren dies die Appellplätze, von wo aus das Heer der Marienkäfer in beutereichere Jagdreviere aufbrach? Das ist sehr gut möglich, aber gleichermaßen auch außergewöhnlich. Diese »Tiere des lieben Gottes« haben bisher noch nie wegen ihrer Reiselust von sich reden gemacht.

Vielmehr scheinen sie uns seßhafte Wesen, eine Art Stubenhocker zu sein, wenn wir sie ihre Schlachtfeste feiern sehen unter den Blattläusen, den grünen auf unseren Rosenstöcken und den schwarzen auf unseren Bohnen; und dennoch werden diese Käfer mit ihren kurzen Flügeln in Myriaden zu derartigen Treffen zusammenkommen, auf dem Gipfel des Mont Ventoux, auf den sich selbst der Mauersegler nur in Momenten ausgelassenster Wildheit emporschwingt. Warum derlei Versammlungen in solchen Höhen? Warum diese Vorliebe für die von Maurerhand behauenen Steine?

Die Sandwespe

Ein schlanker, ranker Wuchs, der spindelförmige Hinterleib durch einen hauchdünnen Stiel mit der Brust verbunden, die Tracht schwarz, um den Bauch eine rote Schärpe, das sind im großen und ganzen die Kennzeichen dieser Erdarbeiter der Gattung *Ammophila*. Sie stehen, was Gestalt und Färbung angeht, den *Sphex*, den Heuschrecken-Sandwespen sehr nahe, unterscheiden sich aber von diesen durch ihre Lebensweise. Die *Sphex* machen Jagd auf Geradflügler wie Feldheuschrecken und Grillen und besonders auch auf *Ephippiger*-Laubheuschrecken, die *Ammophila* aber erbeutet Raupen. Solch unterschiedliche Beute läßt ganz spezielle, instinktgesteuerte Jagdmethoden erwarten.

Auch wenn die Bezeichnung *Ammophila*, gleichbedeutend mit »Liebhaber des Sands«, ganz passend klingen mag, würde ich darüber doch liebend gern einen Disput ausfechten, da mir der Begriff zu ausschließlich erscheint und sich oft als falsch erweist. Die eigentliche Liebhaberin eines trockenen, feinkörnigen, rieselnden Sandbodens ist nämlich die Fliegen jagende *Bembix*, die Raupenjäger aber, von denen ich hier berichten will, zeigen keinerlei besondere Vorliebe für reinen, lockeren Sand; sie meiden ihn sogar, weil er häufig ohne Anlaß ins Rutschen kommt. Die senkrecht in die Tiefe gegrabenen Schächte der *Ammophila* müssen jedoch offen bleiben, bis die Zelle mit Nahrung versorgt und das Ei darin abgelegt ist; das Erdreich muß demnach solide genug sein, damit die Röhre nicht vorzeitig blockiert wird. Die *Ammophila* braucht daher einen leichten, zum Graben gut geeigneten Boden, dessen sandige Bestandteile mit etwas Lehm und Kalk verbacken sind. Von der Sonne beschienene Wegränder und Böschungen mit magerem Grasbewuchs sind ihre bevorzugten Siedlungsgebiete. An diesen Stellen trifft man im Frühling, oft schon in den ersten Apriltagen, die Rauhhaarige Sandwespe (*Ammophila hirsuta*), im September und Oktober finden sich weitere Arten ein, die Gemeine Sandwespe (*Ammophila sabulosa*), die Silbersandwespe (*A. argentata*) und die Seidensandwespe (*A. holosericea*). Im folgenden werde ich die Aufzeichnungen, die ich über diese vier Arten gemacht habe, zusammenfassen.

Alle vier Sandwespen graben eine senkrechte Röhre, eine Art Bohrloch, ungefähr einen halben Dezimeter tief, im Durchmesser nicht breiter als ein dicker Gänsekiel. Am Grund erweitert sich der Schacht jeweils zu einer einzigen Brutkammer. Alles in allem ein kärgliches, in einem Zug und mit wenig Aufwand hergestelltes Logis; die Larve fände darin kaum Schutz gegen die Winterkälte, wäre sie nicht in einem gleich vierfach gewikkelten Kokon geborgen, wie man ihn auch bei den *Sphex* findet. Ihre Ausgrabungsarbeit verrichtet die *Ammophila* allein, geruhsam, ohne Hast und ohne besondere Anstrengungen. Sie benutzt dabei immer die Vorderbeine als Rechen und die Kiefer als Grabschaufeln. Wenn ein Steinchen beim Abtransport Schwierigkeiten bereitet, hört man vom Grunde des Baus, als Ausdruck der Anstrengungen des Insekts, eine Art hohes Quietschen, das durch die Vibrationen der Flügel und des ganzen Körpers entsteht. In kurzen Intervallen erscheint der Hautflügler im Tageslicht, jedes

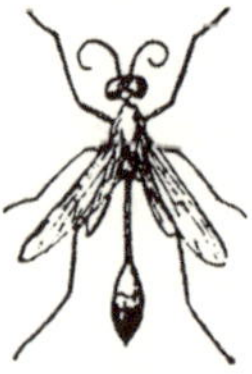

Seidensand-
wespe

Mal eine Ladung Abraum zwischen den Beißwerkzeugen, mit dem er einige Dezimeter weit wegfliegt, bevor er ihn fallen läßt, um die direkte Umgebung seines Baus vom Aushub freizuhalten. Unter den vielen zutage geförderten Steinchen sind einige, die wegen ihrer Form und Größe die besondere Aufmerksamkeit des Insekts wecken: Zumindest behandelt die *Ammophila* sie nicht wie die anderen, statt sie im Flug weit von ihrer Baustelle weg zu transportieren, schleppt sie sie zu Fuß davon und lagert sie in der Nähe des Schachteingangs. Es handelt sich dabei um ausgewähltes Material, das später zum Verschließen des Baus dienen wird.

Diese Außenarbeiten werden mit viel Bedacht und penibler Sorgfalt ausgeführt. Hoch aufgerichtet, den Hinterleib am Ende der stiellangen Taille ausgestreckt, dreht sich das Insekt in einem Zug mit geometrischer Präzision um die eigene Achse. Will es den Abraum, der ihm zu sperrig erscheint, weit weg bringen, tut es das auf kurzen lautlosen Flügen. Recht häufig fliegt es dabei rückwärts, als wolle der Hautflügler, der auch stets rückwärts aus seinem Erdloch herauskriecht, jedes Umdrehen vermeiden, um Zeit zu sparen. Besonders die Arten mit den langstieligen Taillen wie die Gemeine Sandwespe und die Seidensandwespe gehen bei dieser Arbeit mit der Sturheit eines Automaten vor. Es ist in der Tat äußerst heikel, das an diesem dünnen Faden hängende birnenförmige Abdomen zu manövrieren: Eine brüske Bewegung könnte das feine Stielchen knicken. Am Boden bewegen sie sich mit einer gleichsam mechanischen Präzision, und wenn sie fliegen, dann am liebsten rückwärts, um zu häufige Kehrtwendungen zu vermeiden. Nur die

Rauhhaarige Sandwespe hat einen kurzen Hinterleibsstiel und bewegt sich bei ihren Erdarbeiten so ungezwungen und behende, wie man es bei den meisten Grabinsekten anderer Gattungen bewundern kann. Sie ist viel lebhafter im Gebaren, weil sie von ihrer Taille nicht so sehr behindert wird.

Das Logis ist ausgehoben. Gleich danach, spätestens aber wenn die Sonne nicht mehr auf den Grabungsort fällt, pflegt die Sandwespe den kleinen Haufen des während der Arbeit beiseitegelegten Baumaterials aufzusuchen, um daraus ein geeignetes Steinchen auszuwählen. Findet sie keines, das ihren Zwecken genügt, sucht sie in der nächsten Umgebung, wo sie auch bald fündig wird: ein flaches Kieselchen, dessen Durchmesser etwas größer ist als die Schachtöffnung. Sie transportiert diesen Deckstein zwischen ihren Kiefern und positioniert ihn als provisorischen Verschluß über der Mündung des Erdlochs. Sobald es am nächsten Morgen wieder wärmer wird, die Sonne auf die Böschungen der Umgebung scheint und für günstige Jagdbedingungen sorgt, kehrt das Insekt zielsicher an seinen durch die solide Tür geschützten Bau zurück. Es erscheint mit einer gelähmten Raupe, die es mit den Kiefern an der Nackenhaut gepackt hat und zwischen seinen Beinen herbeischleift. Der Verschlußstein wird entfernt, der sich durch nichts von den anderen herumliegenden Steinchen unterscheidet und dessen Geheimnis nur dieses Insekt allein kennt. Die *Ammophila* schafft ihre Jagdbeute in die Tiefe der Röhre, legt ein Ei darauf ab und verschließt ihr Bauwerk endgültig, indem sie den in der Nähe gelagerten Abraum in die senkrechte Galerie schaufelt.

Ich wurde mehrere Male Zeuge, wie die Gemeine Sandwespe und auch die Silbersandwespe ihr Erdloch vorübergehend verschlossen, wenn die Sonne sich neigte und die vorgerückte Stunde die Insekten nötigte, die Verproviantierung auf den nächsten Tag zu verschieben. Auch ich mußte, wenn der beobachtete Hautflügler seinen Siegelstein auf den Eingang gelegt hatte, die Fortsetzung meiner Beobachtungen bis zum folgenden Morgen vertagen, zuvor aber mußte ich den Ort vermessen, indem ich mit ein paar kleinen Ästchen einige Hilfslinien und Orientierungspunkte absteckte, um das Loch wiederzufinden, falls es schon zugeschüttet sein sollte. Jedesmal, wenn ich am Morgen nicht zeitig genug zurückkehrte und der Hautflügler die Stunden des vollen Sonnenscheins bereits genutzt hatte, fand ich den Bau verproviantiert und endgültig verschlossen vor.

Das Erinnerungsvermögen dieser Insekten ist erstaunlich. Die Sandwespe verbringt weder den Abend noch die Nacht in der von ihr gerade gegrabenen Herberge; im Gegenteil, sie entfernt sich, nachdem sie den Eingang mit einem Steinchen getarnt hat. Die Umgebung ist ihr kaum vertraut, sie kennt sie nicht besser als jede beliebige Örtlichkeit, bringt sie doch ganz so wie die *Sphex* des Languedoc ihre Nachkommenschaft bald hier, bald dort unter, wie es ihr beim Herumstreunen eben gerade beliebt. Auch diesmal hat der Zufall die Wespe hierher geführt; der Boden sagte ihr zu, und so hat sie an dieser Stelle ihren Bau gegraben. Jetzt fliegt das Insekt davon. Wohin? Wer weiß ... vielleicht zu den Blumen in der Nachbarschaft, um beim letzten Tageslicht noch einen Tropfen süßen Nektars aus der Tiefe der Blütenkelche zu schlürfen, geradeso wie sich der Bergmann nach der Mühsal im finsteren Stollen an seinem Abendschoppen labt. Genauso fliegt die Sandwespe davon und legt in den Vorratskellern der Blüten mal hier, mal da einen Halt ein. Der Abend, die Nacht und die frühen Morgenstunden sind verstrichen; nun wird es Zeit, zum Bau zurückzukehren nach dem Hin und Her der morgendlichen Jagd und auch nach dem vorabendlichen Zechgelage, bei dem das Insekt von Blume zu Blume flog, und das Werk zu vollenden. Es verwundert mich nicht, daß eine Feldwespe ihr Nest oder eine Honigbiene ihren Stock mühelos wiederfindet: Beides, Wespennest wie Bienenstock, sind feste Wohnsitze, und so wurde diesen Insekten der Heimweg mit der Zeit wohlvertraut. Der *Ammophila* dagegen stehen keine solchen eingefahrenen Gewohnheiten zur Verfügung, wenn sie nach stundenlanger Abwesenheit zu ihrer Nisthöhle zurückfinden will. Vielleicht ist sie gestern zum ersten Mal an diesem Ort gewesen und hat ihren Schacht gegraben; heute muß sie, völlig orientierungslos und dazu noch von der schweren Last der Beute behindert, ihr Nest wiederfinden. All dem zum Trotz vollbringt sie dies mit ihrem präzisen Ortsgedächtnis, das mich immer neu in Erstaunen versetzt. Sie bewegt sich geradewegs auf ihr Erdloch zu, als ob ihr alle kleinen Pfade der Umgebung seit langem bekannt seien. Manchmal gibt es freilich auch Momente längeren Zögerns und wiederholte Erkundungsgänge.

Gestaltet sich die Suche einmal schwieriger, legt die Wespe die hinderliche Beute an einem erhöhten Ort ab: auf einem Thymianpolster oder einem Grasbüschel, also an exponierter Stelle, wo die Raupe später leicht wiederzufinden ist. Von der Last befreit, nimmt die *Ammophila* ihre eifrige Suche wieder auf. Ich habe einmal eine maßstabgerechte Skizze ihres Weges angefertigt, indem ich mit einem Stift Stück für Stück die Strekken nachzeichnete, die die Sandwespe zurücklegte. Das Resultat war ein völlig wirres Liniengeflecht aus Bögen und spitzen Winkeln, zusammenlaufenden oder strahlenförmig auseinanderstrebenden Verzweigungen, aus Knoten, Windungen und häufigen Überschneidungen, kurz: ein wahres Labyrinth, dessen verknäultes Durcheinander die Ratlosigkeit des herumirrenden Insekts widerspiegelte.

Sobald die Wespe ihre Bruthöhle wiedergefunden und den Deckel gelüftet hat, muß sie zu ihrer Raupe zurückkehren, was ihr selten ohne einiges Herumkrabbeln gelingt, da sie das vielfache Hin und Her der vorherigen Suche offenbar doch verwirrt hat. Natürlich hatte sie die Beute vorsorglich gut sichtbar abgelegt, um sie problemlos wiederzufinden und dann zum Nest zu schleppen. Wenn sich aber dieses Wiederfinden der Unterkunft zu lange hinzieht, unterbricht das Insekt abrupt seinen Suchlauf, begibt sich zu seiner Raupe zurück, tastet sie ab und zwickt ein bißchen an ihr herum, wie um sich zu versichern, daß das Wildbret, ihr Eigentum, noch vorhanden ist. Dann rennt sie hastig wieder zurück, um weiter nach ihrem Erdloch zu suchen, unterbricht diese Suche aber noch ein zweites, falls nötig drittes Mal, um ihre Beute zu besuchen. Ich bin der Überzeugung, daß sich der Hautflügler mit dieser wiederholten Rückkehr zu seiner Raupe immer wieder deren genaue Lage in Erinnerung ruft.

So ist der Verlauf im Falle größerer Schwierigkeiten; normalerweise aber findet die *Ammophila* mühelos ihre tags zuvor gegrabene Röhre an diesem ihr unbekannten, nur durch die Zufälle ihres Nomadenlebens entdeckten Ort. Als Führer dient ihr ihr Ortsgedächtnis, von dessen wahrhaft wunderbaren Leistungen ich an anderer Stelle noch berichten sollte. Ich selbst wagte jedoch nicht, mich allein auf mein Gedächtnis zu verlassen, um am nächsten Morgen den mit dem Decksteinchen getarnten Schacht wiederzufinden: Ich machte mir Notizen und Skizzen, zog Markierungslinien und setzte Merkzeichen, nahm penible Vermessungen vor.

Solch provisorisches Versiegeln der Röhre mittels eines Steinplättchens scheinen mir nur die Gemeine Sandwespe und die Silbersandwespe zu praktizieren, nicht aber die beiden anderen erwähnten *Ammophila*-Arten. Ich habe zumindest nie beobachten können, daß diese ihr Logis mit einem Deckel geschützt haben. Bei der Rauhhaarigen Sandwespe ist es wohl überflüssig. Wie mir scheint, erbeutet sie zunächst ihr Wild, um anschließend ganz in der Nähe ihr Nest zu graben. Da auf diese Weise der Proviant sofort eingebracht werden kann, ist der Aufwand für eine zwischenzeitliche Abdeckung unnötig. Bei der Seidensandwespe dagegen vermute ich einen anderen Grund für den Verzicht auf das vorläufige Verschließen des Schachts. Während die drei anderen Arten stets nur eine einzige Raupe in jedes Nest schaffen, bringt die *Ammophila holosericea* bis zu fünf Beutestücke ein, die allerdings erheblich kleiner sind. Genauso, wie wir eine Tür offenlassen, durch die wir dauernd ein und aus gehen, so verzichtet die Seidensandwespe vielleicht auf die Absicherung mit einem Deckel, muß sie doch innerhalb kurzer Zeit mindestens fünfmal in ihren Schacht hinabsteigen.

Alle vier Arten verproviantieren ihre Larven mit den Raupen von Nachtfaltern. Die Seidensandwespe bevorzugt dabei die schlanken Spannerraupen, die sich fortbewegen, in dem sie in ständigem Wechsel einen Buckel machen und sich wieder ausstrecken. Diese Bewegungsweise, bei der sich der Körper wie bei einem Zirkelschlag Spanne um Spanne*** öffnet und wieder schließt, hat diesen Nachtschmetterlingen den sprechenden Namen »Spanner« eingetragen. In ein und demselben Nistloch ist die Beute jeweils sehr unterschiedlich gefärbt, was zeigt, daß die Seidensandwespe ohne Unterschied alle möglichen Spannerarten erbeutet; die Raupen dürfen allerdings nicht zu groß sein, da der Jäger selbst von ziemlich kleinem Wuchs ist. Selbst wenn er seiner Larve gleich fünf Wild-Stücke auftischt, bedeutet das keineswegs eine Schlemmerei. Falls es an Spanner-Nachwuchs mangelt, begnügt sich dieser Hautflügler auch mit anderen, ebenfalls recht winzigen Raupen. Die fünf nach dem Einstich gelähmten und zusammengeringelten Beutestücke schichtet die Seidensandwespe dann in der Brutkammer aufeinander; auf der obersten Raupe wird das Ei abgelegt, dem dieser Vorrat gewidmet ist.

Spannerraupe

Die drei anderen Arten geben ihrer Larve jeweils nur eine einzige Raupe bei. Man muß allerdings sagen, daß dabei die Masse die Menge wettmacht: Die gewählte Beute ist so korpulent, daß sie den Hunger der Larve mehr als zu stillen vermag. So habe ich einmal aus den

Kieferzangen einer Gemeinen Sandwespe eine Raupe herausgezogen, deren Gewicht das Fünfzehnfache ihres Entführers betrug; fünfzehn zu eins, ein gewaltiges Zahlenverhältnis, wenn man bedenkt, welchen Kraftaufwand es den Jäger kostet, ein solches Wild an der Nackenhaut über ein Gelände mit tausenderlei Hindernissen zu schleifen. Ich habe es auf der Waage nachgeprüft: Bei keinem anderen Hautflügler konnte ich ein solches Mißverhältnis an Größe und Gewicht zwischen Opfer und Entführer feststellen wie bei diesen Sandwespen. Die schier unendliche Farbvielfalt der Raupen, die ich beim Ausgraben der Vorratskammern zutage förderte oder noch zwischen den Beinen der Räuber eingeklemmt sah, beweist, daß diese drei *Ammophila*-Arten, Gemeine, Rauhhaarige und Silbersandwespe, keine besondere Vorliebe haben und die erstbeste Raupe erbeuten, wenn sie ihnen passend erscheint, also nicht zu groß, aber auch nicht zu klein ist und zur Gruppe der Nachtfalter gehört. Die häufigste Beute bilden graugefärbte Raupen****, die, unter einer dünnen Erdschicht verborgen, mit ihrem zerstörerischen Fraß den Stielansätzen der Pflanzen zu Leibe rücken.

Nachtfalterraupe

Was aber in der Biologie der *Ammophila* das Wichtigste ist und im besonderen meine gespannte Aufmerksamkeit auf sich zog, ist die Art und Weise, wie das Insekt sein Opfer überwältigt und es in den für die Sicherheit ihrer Larven notwendigen Zustand völliger Wehrlosigkeit versetzt. Der Körper der bei der Jagd erbeuteten Raupe ist gänzlich anders aufgebaut als der jener Opfer, die wir an anderer Stelle kennengelernt haben, etwa die Pracht- und Rüsselkäfer, die Feld- und Laubheuschrecken. Eine Raupe setzt sich aus aneinandergereihten, gleichförmigen, ringartigen Segmenten zusammen; die drei vorderen Ringe tragen »echte« Füße, die sich später zu den Beinen des Schmetterlings entwickeln; an anderen Abschnitten finden sich häutige »falsche« Füße, die nur die Raupe besitzt, nicht aber der spätere Falter; die übrigen Körperabschnitte sind gliederlos. Jeder Leibesring besitzt einen Nervenknoten, ein Ganglion, also sein je eigenes Empfindungs- und Bewegungszentrum: So ist das Nervensystem auf zwölf deutlich voneinander unterschiedene Zentren verteilt; hinzu kommt der Ganglienkranz unter dem Schädel, der einem Gehirn vergleichbar ist.

Wir haben es hier also nicht mit dem zentralen Nervensystem des Rüsselkäfers oder des Prachtkäfers zu tun, das sich so hervorragend mit einem einzigen Stich des Stachels komplett lahmlegen läßt; auch handelt es sich hier nicht um die drei Brustganglien der Grille, die eine *Sphex*-Grabwespe eine nach der anderen ansticht, um ihre Beute zu lähmen. Anstelle eines zentralen oder auf drei Punkte verteilten Nervensystems besitzt unsere Raupe ein Dutzend Knoten, deren Abstände dem der einzelnen Leibesringe entsprechen; wie ein Rosenkranz sind sie auf der Unterseite des Raupenkörpers mittig aneinandergereiht. Mehr noch: Bei niederen Lebewesen gilt die Regel, daß ein Organ sich in den einzelnen Körpersegmenten wiederholt, diese Vielzahl aber bedingt, daß der Einfluß eines jeden dieser Organe auf den Gesamtorganismus entsprechend verringert ist; die jeweiligen Nervenknoten agieren weitgehend unabhängig voneinander, jedes Ganglion beseelt also sein eigenes Segment; und eine Störung in den benachbarten Körpersegmenten beeinträchtigt seine Funktion nur mit ziemlicher Verzögerung. Verliert ein einzelner Ring seine Beweglichkeit und sein Empfindungsvermögen, bleiben die unversehrten benachbarten Abschnitte noch lange Zeit beweglich und für Reize empfänglich. Diese Ausführungen genügen, um mein großes Interesse an den mörderischen Praktiken des Hautflüglers gegenüber seiner Beute zu veranschaulichen.

Mag die Wißbegier auch groß sein, so sind es die Schwierigkeiten, dies zu beobachten, nicht minder. Die *Ammophila*-Sandwespen führen ein einsiedlerisches Leben, und sie treten in ihrem ausgedehnten Verbreitungsgebiet nur sehr vereinzelt auf; so trifft man sie eigentlich immer nur zufällig, weshalb es nicht, wie zum Beispiel bei den Languedoc-*Sphex*, möglich ist, mit ihnen Versuche anzustellen, die man im voraus sorgfältig geplant hat. Man muß sich lange auf die Lauer legen und mit unerschütterlicher Geduld eine Gelegenheit abwarten; diese gilt es dann sogleich am Schopf zu pakken, selbst wenn sie sich gerade dann ergibt, wenn man überhaupt nicht mehr damit gerechnet hat. Nach einer solchen Gelegenheit habe ich Jahr um Jahr gespannt Ausschau gehalten, und dann, eines Tages, ist sie plötzlich da, und das Geschehen bietet sich auf eine Art und Weise meinen Blicken dar, daß ich alles leicht beobachten und jedes Detail genau erkennen kann, was mich für die lange Wartezeit mehr als entschädigt.

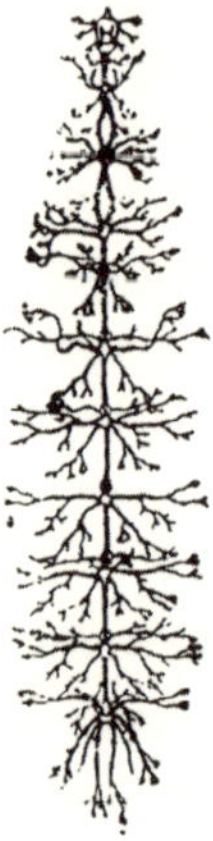

Nervensystem der Spannerraupe

Zu Beginn meiner Studien konnte ich mehrere Male einem Überfall der *Ammophila* auf die Raupe beiwohnen, und soweit es die Schnelligkeit zuließ, mit der sich die Operation vollzog, beobachtete ich, daß sich der Stachel des Hautflüglers ausnahmslos ins fünfte oder sechste Körpersegment des Opfers versenkte. Um diese Beobachtung zu bestätigen, kam ich auf die Idee, die Einstichstelle noch einmal genau zu lokalisieren, bevor mir der Räuber die Raupe unter der Nase entführte und in seinen Bau abschleppte; die Lupe half mir dabei nicht weiter, keine noch so starke Lupe wäre imstande, am Opfer auch nur die kleinste Spur einer Verletzung festzustellen. Ich ging also folgendermaßen vor: Die Raupe ist völlig bewegungslos; ich steche mit einer feinen Nadel nacheinander in jedes einzelne Segment ihres Körpers, auf diese Weise kann ich anhand der unterschiedlichen Schmerzreaktionen des Tieres das Empfindungsvermögen des jeweiligen Rings messen. Sticht man mit der Nadel in den fünften oder sechsten Leibesring, bewegt sich die Raupe nicht, selbst wenn sie vollkommen durchbohrt wird. Dagegen krümmt sie sich und gebärdet sich wie wild, sobald man nur ganz leicht in eines der benachbarten Segmente sticht; diese Reaktion wird um so heftiger, je größer der Abstand von der Einstichstelle der *Ammophila* entfernt ist. Vor allem zum Körperende hin genügt die leiseste Berührung, und die Raupe reagiert mit wirren Verrenkungen. Also gab es nur einen einzigen Einstich, und zwar entweder in den fünften oder in den sechsten Ring des Raupenkörpers.

Was haben diese beiden Segmente an sich, daß sie sich derart wirkungsvoll als Zielpunkte für die Waffe des

Mörders eignen? Es kann nicht an ihrem Aufbau liegen, wohl aber an ihrer Lage. Lassen wir hier einmal den Körperbau der Spannerraupe, der bevorzugten Beute der Seidensandwespe, beiseite, dann finde ich bei den Beutetieren der übrigen Sandwespen eine etwas andere Anatomie: Gleich auf das Kopfsegment folgen die Körperabschnitte Nummer zwei, drei und vier mit den vorderen »echten« Fußpaaren. An den Segmenten sieben, acht, neun und zehn sowie schließlich noch am dreizehnten und letzten Ring befinden sich lediglich häutige Hinterfüße. Acht Fußpaare insgesamt hat also die Raupe, von denen die sieben vorderen Paare die beiden eigentlichen Fortbewegungsorgane bilden, das eine aus drei, das andere aus vier Paaren. Wie gezeigt, sind diese beiden Gruppen durch zwei Segmente ohne Füße voneinander getrennt, und das sind genau das fünfte und das sechste.

Wird nun die Wespe, um ihre Beute unbeweglich zu machen und an der Flucht zu hindern, ihr Stilett in jeden der acht mit lokomotorischen Fähigkeiten versehenen Ringe bohren? Muß sie aus Vorsicht diese verschwenderische Methode auch bei kleinen und gänzlich schwachen Opfern anwenden? Sicherlich nicht: Ein Stich in nur eine zentrale Stelle genügt meist, an einem Punkt also, von dem aus sich die Wirkung eines einzigen Gifttröpfchens nach und nach ausbreitet; so daß auch die anderen mit Gliedmaßen ausgestatteten Körperteile so bald wie möglich gelähmt werden. Die Körperteile, die für diese einmalige Impfung in Betracht kommen, stehen außer Zweifel: Es sind die Abschnitte fünf und sechs, die die für die Fortbewegung zuständigen Körperabschnitte voneinander trennen. Meine durch Deduktion entstandenen Folgerungen führen also zu derselben Stelle, die das von seinem Instinkt geleitete Insekt für seinen Stich auswählt.

Schließlich erscheint es mir noch wichtig zu erwähnen, daß die *Ammophila* ihr Ei immer genau auf dem durch ihren Stich unempfindlich gemachten Ring ablegt. Hier, und nur hier kann die junge Larve hineinbeißen, ohne Körperverrenkungen der Raupe zu provozieren, die sie selbst gefährden könnten, wo der Stich meiner spitzen Nadel ohne Wirkung bleibt, wird auch der Biß der Larve keinerlei Reaktion hervorrufen. Die Beute verharrt demnach reglos, bis der Säugling genügend Kräfte entwickelt hat und sich ungefährdet über die weiteren Körperpartien der Schmetterlingslarve hermachen kann.

Während meiner jüngsten Studien, bei denen ich viel häufiger ganz unmittelbare Beobachtungen anstellen konnte, kamen mir Zweifel, und zwar weniger an meinen Schlußfolgerungen als an deren Allgemeingültigkeit. Bisher hatte ich immer nur schmächtige Raupen oder solche mittlerer Größe vor mir, die schon mit einem einzigen Stich außer Gefecht gesetzt werden konnten, zumal wenn der Giftstachel in den eben von mir erläuterten, offenbar geeignetsten Körperring gestoßen wurde; aber dies erklärt und bezeugt sich ja sozusagen von selbst, sei es in der Beobachtung des natürlichen Vorgangs, sei es bei meinen Experimenten mit einer Nadel. Die Gemeine Sandwespe und vor allem auch die Rauhhaarige Sandwespe machen jedoch mitunter fettere Beute, die, wie ich bereits erwähnte, bis zu fünfzehn Mal schwerer ist als sie selbst. Wird dieses riesige Wildbret genauso behandelt wie eine zierliche Spannerraupe? Genügt ein einziger Stich mit dem Stilett der *Ammophila*, um das Monster zu überwältigen und unschädlich zu machen? Wird der abscheuliche graue Wurm****, der, wenn er mit seinem kraftvollen Körper gegen die Wände der Brutkammer ausschlägt, nicht das Ei oder die zarte Larve in Lebensgefahr bringen? Man wagt sich dieses Tête-à-tête gar nicht vorzustellen, bei dem das schwache Geschöpf in der engen unterirdischen Kammer eben am Schlüpfen ist und dieser veritable Drachen noch immer genügend Kräfte besitzt, um sich darin krümmend und streckend herumzuwälzen.

Mein Verdacht wurde verstärkt, als ich eine solche Raupe auf ihre Empfindlichkeit hin untersuchte. Während sich die Beute der Seidensandwespe und der Silbersandwespe mit Vehemenz zur Wehr setzt, sobald meine Nadel in ein anderes Körpersegment eindringt als in jenes, in das der Hautflügler selbst sein Gift geimpft hat, bleiben die fetten Opfer der Gemeinen und vornehmlich der Rauhhaarigen Sandwespen dagegen völlig ungerührt, ganz egal, welchen Körperring ich ansteche, sei es in der Mitte, vorne oder hinten. Diese Raupen verkrümmen sich nicht mehr, rollen sich auch nicht mehr abrupt zusammen; meine Nadelspitze ruft nur mehr einen Rest an Empfindung hervor, ein schwaches Erzittern der Haut. Die Sicherheit der mit solch monströser Beute versorgten Larve ist also gewährleistet, weil die Raupe ihrer Fähigkeit, sich zu bewegen oder etwas zu spüren, nahezu vollkommen beraubt wurde. Noch bevor der Hautflügler seine Beute in den Erdbau trägt, hat er sie in eine leblose, aber beileibe nicht tote Masse verwandelt.

Ich durfte einmal Zeuge sein, wie eine *Ammophila* mit ihrem Skalpell an der robusten Raupe herumoperierte, und niemals hat mir die sich entschieden auf den Instinkt berufende Wissenschaft etwas derart Bewegendes geliefert. Mit einem meiner Freunde, der mir leider bald darauf durch den Tod entrissen werden sollte, kam ich eben vom Plateau des Angles zurück, wo wir dem Heiligen Pillendreher einige hinterhältige Aufgaben gestellt hatten, um seine handwerklichen Fertigkeiten auf die Probe zu stellen, da entdecken wir plötzlich eine Rauhhaarige Sandwespe, die unter einem Thymianbusch eifrigst zugange ist. Sogleich legen wir uns zu dem geschäftigen Hautflügler auf den Boden. Unsere Gegenwart stört das Insekt nicht, es läßt sich sogar einen Augenblick auf meinem Ärmel nieder, erkennt die beiden unbeweglichen Besucher offenbar für ungefährlich und kehrt wieder zu seinem Thymian zurück. Aus Erfahrung weiß ich, daß eine so kühne Vertrauensseligkeit ein Zeichen dafür ist, daß das Tier mit einer äußerst wichtigen Sache beschäftigt ist. Warten wir es ab, und wir werden es sehen.

Die *Ammophila* scharrt am Strunk des Thymianstocks herum, legt die feinen Würzelchen des Krauts frei und steckt ihren Kopf unter die losen Erdkrumen. Auf diese Weise krabbelt sie immer wieder hastig um den Thymian herum und sucht mal hier, mal da zwischen den Wurzelausläufern unter dem Busch nach einem Zugang. Keine Brutkammer gräbt sie hier, nein, sie ist vielmehr auf der Jagd nach irgendeinem unterirdisch lebenden Beutetier. Ihre Zielstrebigkeit erinnert an einen Jagdhund, der ein Kaninchen aus seinem Bau aufzustöbern versucht. Und siehe da, wahrscheinlich beunruhigt von dem, was sich da oben abspielt, und von der Wespe in die Enge getrieben, geruht schließlich ein großer grauer Wurm, seine

Deckung zu verlassen und ans Tageslicht zu kommen. Kaum zeigt er sich, ist es auch schon um ihn geschehen: Der Jäger ist sofort zu Stelle, schnappt ihn an der Nakkenhaut und hält ihn trotz heftiger Zuckungen fest. Auf dem Rücken des Monstrums hockend, biegt der Hautflügler seinen Hinterleib bis zur Unterseite der Raupe hinunter und versenkt in aller Ruhe, wie ein Chirurg, der die Anatomie des Patienten genauestens kennt, sein Skalpell in den Körper des Opfers, und zwar der Reihe nach vom ersten Segment bis zum letzten. Das Stilett läßt keinen einzigen Ring aus, mag er Füße tragen oder nicht, alle kommen dran, und zwar systematisch von vorne bis hinten.

Diese Beobachtung also konnte ich in Muße und unter den günstigsten Bedingungen anstellen, wie es sich für eine unwiderlegbare Studie gehört. Das Insekt geht mit einer Präzision vor, um die es unsere Wissenschaft beneiden könnte; der Hautflügler weiß um Dinge, von denen die Menschen nahezu keine Ahnung haben; er kennt das komplizierte Nervensystem seines Opfers und reagiert auf die Vielzahl der Ganglien seiner Raupe mit derselben Anzahl von Einstichen. Ich sage: Er »weiß«, er »kennt«; besser wäre es, zu sagen: er verhält sich, »als ob er es wüßte« und »als ob er es kennte«. Denn sein Tun ist nur von seiner Eingebung geleitet. Ohne sich seiner Handlungen bewußt zu sein, gehorcht das Tier dem, was sein Instinkt ihm vorgibt.

Woher aber kommt diese wunderbare Eingebung? Können uns die Theorien der Vererbungslehre, der Selektion und des Existenzkampfs tatsächlich eine hinreichende und vernünftige Erklärung liefern? Für mich und meinen Freund war und blieb dies eine der aussagekräftigsten

Offenbarungen bezüglich der unerhörten Logik, von der die Welt beherrscht wird und die den Unwissenden durch die Gesetze der Eingebung lenkt. Zutiefst bewegt von diesem Blitz der Erkenntnis, bemerkten wir beide, der eine wie der andere, daß uns eine Träne unwillkürlicher Rührung über die Wange rollte.

Anmerkungen:

* Jean-Henri Fabres *Ammophila hirsuta* wurde in der zoologischen Systematik schon damals der verwandten Sandwespen-Gattung *Podalonia* zugeordnet und findet sich daher auch in heutigen Bestimmungsbüchern (z. B. »Pareys Buch der Insekten«, Hamburg/Berlin 1993) nur unter der Bezeichnung *Podalonia hirsuta* (Scopoli 1763). Fabre hatte also nicht unrecht mit seinen Zweifeln am Namen *Ammophila* (= Sand liebend) im Zusammenhang mit dem Boden, den die Rauhhaarige Sandwespe für ihren Nestbau benötigt.

** Gleiches gilt für die *Ammophila argentata*, die Fabre hier mehrfach erwähnt: Wie die Rauhhaarige Sandwespe (s. oben) wurde sie offenbar von der Wissenschaft schon zu Lebzeiten des Naturforschers der Gattung *Podalonia* zugeordnet; in der Systematik heutiger Entomologen ist sie als *Podalonia tydei argentata* (Lepeletier 1845) aufgelistet.

*** Die alte Längeneinheit einer »Spanne« entsprach mit ca. 20 bis 25 cm dem maximalen Abstand zwischen der Daumenspitze und der Spitze des Mittelfingers oder, bei gespreizter Hand, zwischen der Spitze des Daumens und der des kleinen Fingers. Zum Abmessen bewegten sich die Fingerspitzen gleichsam wie eine Raupe fort, indem der Daumen immer wieder zum kleinen Finger nachrückte und dieser sodann um eine weitere Spanne ausgestreckt wurde. Auch die Bezeichnung »Geometerfalter« läßt sich auf dieses Vergleichsbild zurückführen.

**** Dabei handelt es sich laut dem Index der hier zugrundeliegenden zweibändigen französischen Ausgabe von Fabres »Souvenirs entomologiques« (Robert Laffont, Paris 1989) um die Raupe des Saateulenfalters *Noctua segetum*, der zur Familie der Eulen (Noctuidae) gehört; in gängigen deutschen Bestimmungsbüchern wird auch diese Art einer anderen Gattung zugeordnet und taucht dort als *Agrotis segetum* auf.

Der heilige Franziskus der Insekten

Jean-Henri Fabre und seine »Souvenirs entomologiques«

»Oh, meine schönen Insekten! Ach, meine geschäftigen Hautflügler!« »Und alle, die ihr da seid, ihr Stachelträger und ihr mit dem Harnisch eurer Rückenschilder, übernehmt meine Verteidigung und zeugt zu meinen Gunsten …«

Wer steht da so intim auf du und du mit den Kerbtieren? Wer redet Hautflügler, Käfer, Nachtfalter oder Spinnen an, als seien sie seine Gefährten, Freunde gar, die man eben mal um einen Gefallen bittet? Es ist Jean-Henri Fabre (1823–1915), Frankreichs berühmtester Insektenforscher. Jahrzehntelang frönte dieser hagere, von der Sonne gegerbte Gelehrte seiner Passion für die grandiose Welt *en miniature*: das Reich der Insekten. Wie kein anderer lebte er in engster Vertrautheit mit und zwischen seinen wuselnden Forschungsobjekten. Stets mit der Lupe vor Augen und beschattet nur von einem breitkrempigen schwarzen Filzhut, legte sich Fabre selbst hochbetagt noch in der glühenden Midi-Sonne auf den harten Boden zwischen Thymian und Lavendel, um Zikaden und Taranteln, Gottesanbeterinnen und Heilige Pillendreher zu beobachten. Oder seinen geliebten Sandwespen aufzulauern, denen ein Schwerpunkt der vorliegenden Auswahl aus Fabres umfangreichem Schrifttum gewidmet ist.

Nach Dutzenden lehrreicher Publikationen über naturkundliche Themen für den Schulgebrauch, nach provenzalischen Gedichten und Liedern, die er in jungen Jahren schon veröffentlicht hatte, nach zahlreichen wissenschaftlichen Arbeiten zur Botanik und Zoologie schuf Fabre in den letzten vierzig Jahren seines Lebens, in der Stille eines versteckten Landguts, sein opulentes Spätwerk: die »Souvenirs entomologiques – Etudes sur l'instinct et les mœurs des insectes«.

Dieses geniale Epos der Insektenkunde umfaßt mehr als 4000 Seiten in der Originalausgabe, die, verteilt auf zehn reich illustrierte Bände, zwischen 1879 und 1907 im Pariser Verlag Charles Delagrave erschien. In 219 Kapiteln breitet Fabre darin systematisch die Ergebnisse und Erlebnisse seiner präzisen Beobachtungen jener Tiere aus, die, so wissen wir heute, weit mehr als dreiviertel aller Lebewesen ausmachen. Die klare und allgemein verständliche Sprache, der einfühlsame, oft spöttische Plauderton, die in die Fülle der Fakten eingestreuten Anekdoten und der poetische Zauber, der von den höchst spannenden Schilderungen ausgeht, machen die Lektüre dieses Werks auch zu einem literarischen Erlebnis. Victor Hugo, Fabres etwas älterer Zeitgenosse und einer seiner vielen prominenten Bewunderer, bezeichnete diesen Entomophilen als den »Homer der Insekten«. Und Charles Darwin würdigte Fabre als einen »observateur inimitable«.

Beginnt man in den »Entomologischen Erinnerungen« zu lesen, die schon zu Lebzeiten des Gelehrten in viele Sprachen, darunter in Auszügen auch ins Deutsche, übersetzt wurden, legt man das jeweilige Buch so schnell nicht aus den Händen. Egal, ob es um Schmalbienen oder Schmeißfliegen geht, um Eichenspinner oder Dolchwespen, um den Hochzeitsflug des Nachtpfauenauges oder die Brutfürsorge eines Skorpion-Weibchens – unversehens zieht der Autor einen in seinen Bann, mitten hinein in bis dato unbekannte Welten. Und immer läßt er uns geradezu lupennah teilhaben an der faszinierenden, oft wundersamen Lebensweise, »dem Instinkt und den Sitten« seiner krabbelnden und fliegenden Akteure.

Wer die Frühzeit des deutschen Fernsehens erlebte, wird vielleicht an Bernhard Grzimek erinnert, der zum legendären TV-Star wurde, weil er gleichermaßen unaufgeregt und amüsant, doch beharrlich und faktenreich die deutsche Nachkriegsgeneration mit der Tierwelt im allgemeinen und der Idee des Naturschutzes im besonderen vertraut machte. Auch der bis ins hohe Alter hinein engagierte Verhaltensforscher Konrad Lorenz oder der streitlustige Naturjournalist Horst Stern mögen einem in den Sinn kommen. Jean-Henri Fabre, der mitunter grimmig gegen Fachkollegen wetternde Fürsprecher der Insekten, war ihrer aller Ahne – allein schon im Blick auf den missionarischen Eifer und den Erfolg beim Publikum. Bis heute gilt der französische Nestor der Insektenkunde nicht nur als kongenialer Schriftsteller wissenschaftlich fundierter Prosa, als der vielleicht populärste Entomologe Europas und mehr noch in Japan, wo er bis heute ganz besonders verehrt wird. Fabre war vor allem auch ein früher Wegbereiter der Feld- und Verhaltensforschung sowie dessen, was man heute gerne unter dem Begriff der Biowissenschaften zusammenfaßt.

Als Kind einer mittellosen Bauernfamilie 1823 in Saint Léons de Lévézou im heutigen Département Aveyron geboren, hatte sich Jean-Henri Fabre mit Begabung und Ehrgeiz, Geduld und zähem Fleiß gegen alle widrigen Umstände hochgearbeitet – bis zum Lehrer für Mathematik, Physik und Chemie. So unterrichtete er jahrelang an

Volks- und Abendschulen sowie an Gymnasien, auf Korsika, in Carpentras und in Avignon. Eigensinnig und zielstrebig, wie er war, hatte der ebenso leidenschaftliche wie erfolgreiche Pädagoge freilich anderes im Sinn, zumal ihn Querelen mit der konservativen Schulbürokratie in der Provinz Südfrankreichs mehr und mehr verbitterten.

1870 quittiert Fabre den Schuldienst endgültig und zieht für einige Jahre nach Orange, wo der erste Band seiner »Souvenirs entomologiques« entsteht. Längst war er da, dank seiner weitgehend autodidaktischen, aber um so intensiveren Studien in Zoologie und Botanik, zu einem Universalgelehrten im besten Stil des 19. Jahrhunderts herangereift. Auch im fernen Paris sorgte er für Aufsehen – und nicht allein deshalb, weil er vor den universitären Honoratioren der Metropole kaum anders auftrat als in seinem gewohnten schwarzen Habit, den Schlapphut tief in die Augen gezogen. Schon 1855 hatte ihm die Akademie der Wissenschaften den angesehenen »Prix Montyon« verliehen. 1868 besuchte ihn der rührige französische Erziehungsminister Victor Duruy, um ihn gleich darauf in Paris Napoléon III. vorzustellen, der ihn zum »Chevalier de la légion d'honneur« schlug.

Im Alter von 56 Jahren konnte sich Fabre endlich den lange gehegten Traum erfüllen: Mit den gerade ausreichenden Einkünften aus seinen vielgefragten Schulbüchern und mit Hilfe einiger Freunde erwarb der *Pater familias* eines kinderreichen Haushalts 1879 seinen »Harmas«, das knapp ein Hektar große Landgut in Sérignan-du-Comtat im nördlichen Vaucluse. Nun hatte er sein »Laboratorium auf freiem Felde«. In der Abgeschiedenheit des Landstrichs zwischen Mont Ventoux und Rhône-Tal konnte er jetzt ungestört an sein Lebenswerk gehen. Wer den Autor der »Souvenirs entomologiques« in all seinen Facetten verstehen will, sollte den Ort besuchen, der vor zwei Jahren vom Pariser Muséum Nationale d'Histoire Naturelle renoviert und als »Maison de Mémoire« wiedereröffnet wurde.

Vom zeitigen Frühjahr bis in den Herbst kann man dort die fast originalgetreuen Wohn- und Arbeitsräume Fabres erkunden, auch einen Ausstellungsraum zu seinem vielfältigen Werk, darunter eine Auswahl seiner 600 Pilz-Aquarelle – und natürlich den Garten. Direkt an die »Maison rose«, das Wohnhaus, schließt sich ein bezaubernder mediterraner Ziergarten an, ein rechter *Hortus botanicus*, in dem die Gehölze und Stauden nun feinsäuberlich beschriftet sind. Gen Süden gelangt man ins flirrende Licht- und Schatten-Spiel der längst zu Baumriesen aufgeschossenen, einst von Fabre gepflanzten Fluß- und Atlaszedern, Aleppokiefern, Glanzmispeln, Kermeseichen, Erdbeer- und Zedrachbäume. Dazwischen aber wurde auch wieder eine »terre en friche«, ein Streifen Brachland, angelegt, wie zu Fabres Zeiten, um den Nachkommen seiner Schützlinge eine Heimstatt zu bieten.

Die über zwei Meter hohe Mauer, die der Naturforscher um das Anwesen errichten ließ, schirmt sein »Eden« auch heute noch so gut ab, daß man sich in eine andere Zeit versetzt glaubt und von den Veränderungen der inzwischen rührigen touristischen Region kaum etwas mitbekommt – nur die flach übers Land donnernden Kampfflieger vom nahen Militärflughafen in Orange erinnern an das Hier und Heute. Gebeugt über Thymian, Lavendel, Disteln und Flockenblumen entdeckt man binnen weniger Minuten schon Heuschrecken und Gottesanbeterinnen. Quelljungfern und andere Libellen ziehen das Augenmerk auf sich, wenn sie ihre rasanten Flugmanöver über dem Rundbassin absolvieren. Und plötzlich fühlt sich der Besucher bei dieser Natur-Meditation wie in einen jener Kokons eingesponnen, die Fabre so anmutig bei seinen Insekten beschrieb. Ja, so muß es damals dem Gelehrten ergangen sein: Sein »Stückchen Land« wurde ihm fern aller Unbill zum sicheren Hort, in dem er ebenso lustvoll wie akribisch, mit Engelsgeduld und die Zeit vergessend seine Studien betrieb – und zu Papier brachte.

Nicht nur der legendäre »schnupftuchgroße« Arbeitstisch Fabres, an dem er seine Bücher und Briefe schrieb, ist im »Harmas« zu besichtigen. Das *Cabinet de travail* des Enzyklopädisten bildet mit all seinen naturkundlichen Sammlungen und entomologischen Gerätschaften eine wahre Wunderkammer, ein klassisches Naturalienkabinett. In mächtigen Vitrinenschränken finden sich Abertausende von Fossilien und Mineralien ausgebreitet, meterlang aneinandergereihte Kladden bergen Fabres Herbar mit mehr als 25000 Pflanzen, ringsum entdeckt man Vogelnester und Tierpräparate, Muscheln und Schneckenhäuser, antike Scherben und natürlich: Kästen voller Käfer und Hautflügler, Fabres Lupe, sein Mikroskop, seine Pinzetten und Spatel …

Wieder draußen in Fabres Labor unter freiem Himmel, mag es einem wie Ernst Jünger ergehen, der 1967 den Harmas besuchte. Hatte der entomophile deutsche Schriftsteller in den damals wohl etwas heruntergekommenen Räumen der Gedenkstätte nur mehr »den Gang der Totenuhren« gehört, suggerierte ihm der Garten eine

Vision, die er am Schluß seines Buches »Subtile Jagden« beschwört: »Die Sonne scheint, hier wird es friedlich; nun tritt der Meister aus dem Haus, in dem wir ihn geehrt haben. Er nähert sich, er ist lebendig: dort verehrten, hier lieben wir ihn.«

Auch Besucher ohne Jüngers Passion für Insekten entdecken in Sérignan einen wissensdurstigen Sucher und unermüdlichen Sammler in dem Schöpfer der »Bilder aus der Insektenwelt«, wie die zwischen 1908 und 1914 erschienene deutsche Teil-Übersetzung der »Souvenirs« im Kosmos Verlag überschrieben war. Wohl aufgehoben, das ist heute noch zu spüren, war Fabre dort auf seinem Harmas, im Kreis einer großen Familie, die ihn tatkräftig unterstützte – zum Beispiel beim Ausheben von Erdnestern seiner geflügelten Minenarbeiter oder dem Bau raffiniertester Brutkästen.

Nach dem Tod seiner ersten Frau ging Fabre 1887 mit der um 40 Jahre jüngeren »gouvernante« seines Hausstands noch einmal eine Ehe ein, drei weitere Kinder wurden geboren. Und doch lebte Fabre in all den Jahren eher wie ein Eremit, ganz auf seine Arbeit konzentriert, bei der ihn nichts stören durfte. Singenden Nachtigallen etwa, die ihm die Studiernächte vergällten, soll er sogar mit der Flinte zu Leibe gerückt sein. Aber störrische und durch nichts zu beirrende Einzelgänger waren ja schon seine leidenschaftlichen Ahnen in der Erkundung der Insektenwelt, etwa Maria Sibylla Merian (1647–1717) oder der holländische Arzt und Schmetterlingsforscher Jan Swammerdam (1637–1680).

Der eitle Wissenschaftsbetrieb lockte den geschäftigen Studiosus der Insekten nur mehr selten aus seiner Enklave.

Zu den wenigen ausgewählten Freunden zählten etwa sein späterer Biograf, der Arzt Georges-Victor Legros, oder der in Avignon lebende englische Philosoph John Stuart Mill. In der einstigen Papst-Stadt war ihm auch der Botaniker Esprit Requien ein väterlicher Vertrauter, dessen noch heute bestehendes Naturkundemuseum Fabre eine Zeitlang leitete. Kurz blieb der Kontakt zu Louis Pasteur, der 1865 zu Monsieur Fabre gepilgert war, um sich erst einmal über Seidenraupen kundig zu machen, bevor er die Fleckenkrankheit dieser Insekten entdeckte, die damals die Seidenproduktion im Süden Frankreichs dramatisch bedrohte.

In regem Briefkontakt stand Fabre indes mit mancherlei Größen seiner Zeit wie mit dem Entomologen Léon Dufour, dem provenzalischen Dichter Frédéric Mistral, dem Naturforscher Emile Blanchard oder auch Charles Darwin, dessen damals revolutionäre Evolutionstheorie Fabre freilich zeitlebens vehement ablehnte. Dies ebenso wie die Tatsache, daß er seine Beobachtungen und wissenschaftlichen Erkenntnisse nicht in einem trockenen akademischen Stil vermittelte, sondern in einer heiterliterarischen Prosa, hat ihm nicht nur zu Lebzeiten mancherlei Kritik beschert, wie er in seinem »Harmas«-Text beklagt. Wer sich an naturwissenschaftlichen Institutionen umhört, erfährt mitunter heute noch, neben schwärmerischen Jugenderinnerungen, jenen etwas überheblichen Argwohn, der Fabre so viele Jahre lang schmerzte.

Kurz vor seinem Tod aber wurde dem Greis dann doch noch überschwenglich gehuldigt, er wurde mit weiteren Preisen, Orden und Defilés hoher Pariser Persönlichkeiten bedacht. Schaut man sich die Fotos an, die sein Sohn

Paul-Henri in den letzten Lebensjahren Fabres machte, sieht man einen müden, oft etwas grimmig dreinblickenden alten Mann, der bei all den Ovationen in Gedanken doch eher bei seinen Insekten weilte: mönchisch, fast ein wenig manisch, doch bescheiden und gottesfürchtig auf seine Weise. Als Fabre einmal gefragt wurde, ob er an Gott glaube, soll er ausgerufen haben: »An Gott glauben? Ich sehe ihn tagtäglich, in allen meinen Insekten.«

Bei seiner Lebensaufgabe, den Blick der Menschen für die winzigen Lebewesen zu schulen, sie für deren ebenso kuriose wie raffinierte Lebensweise zu begeistern, war Jean-Henri Fabre wohl auch Franz von Assisi seelenverwandt. Dem Einsiedler Franziskus wurden in seiner Demut vor Gott die Tiere und sogar die unbelebte Natur zu Schwestern und Brüdern. Und Fabre, durchaus kein Heiliger und doch ein Natur-Prediger, sah im Instinkt und Verhalten seiner Insekten stets einen göttlichen Plan am Werk. Der eine predigte den Vögeln, der andere spricht zu seinen Käfern und Hautflüglern, ruft sie an als Zeugen für seine innige Verbundenheit und seine lebenslange Mission, uns von deren grandioser Wunderwelt zu berichten: »Ach, meine geliebten Hautflügler, o meine teuren Skarabäen ...«

Beate Taudte-Repp

Zeittafel

1823 Geburt Jean-Henri Fabres am 21. Dezember in St. Léons im Département Aveyron. Seine Eltern, Antoine Fabre und Victoire Salgues, sind Bauern.

1832 Fabre erhält ein Stipendium am Gymnasium, dem Collège Royal de Rodez in Aveyron, wo die Familie zwischenzeitlich hingezogen ist und ein Café betreibt.

1837 Fabre folgt seiner Familie nach Toulouse, wo er das Seminar von Esquille besucht.

1840 Die Familie Fabre zieht um nach Montpellier, dann nach Nîmes, schließlich weiter nach Avignon. Fabre muß zwischenzeitlich seine Ausbildung aufgeben und arbeiten, um seine Familie zu unterstützen. In Avignon erhält er ein Stipendium und kann das Lehrerseminar besuchen.

1842 Fabre erhält sein Diplom und wird Lehrer am Collège von Carpentras.

1844 Fabre heiratet Marie-Césarine Villard, mit der er sieben Kinder bekommt.

1845 Geburt der Tochter Elisabeth.

1846 Fabre besteht das Baccalauréat.

1847 Fabre erhält das Lizentiat für Mathematik.
Geburt des Sohnes Jean.

1849 Fabre wird Mathematik- und Physiklehrer am Collège Impérial in Ajaccio (Korsika) bis 1853. Hier trifft er den Zoologen Alfred Moquin-Tandon und den Botaniker Esprit Requien und beginnt, sich für die Biologie zu interessieren.

1850 Geburt der Tochter Antonine.

1853 Fabre verläßt Korsika wird Mathematik- und Physiklehrer am Lycée von Avignon. In seiner Freizeit widmet er sich dem Studium der Naturkunde. Geburt der Tochter Aglaé.

1854 Fabre erhält in Toulouse das Lizentiat für Naturgeschichte.

1855 Geburt von Fabres Tochter Claire. Doktorat an der Naturwissenschaftlichen Fakultät in Paris. Publikation der »Beobachtungen über die Sitten der Cerceris« in den »Annales des Sciences naturelles«. Fabre erhällt den Prix Montyon der Akademie der Wissenschaften.

1856 Fabre erhält den Preis für Experimentelle Physiologie durch das Institut de France.

1857 Fabres Studie über den Instinkt und die Metamorphose der Sphex. Denkschrift über die Hypermetamorphose der Meloiden.

1859 Fabre erhält ein Patent für die Herstellung eines gereinigten Krappulvers zur Farbstoffherstellung.

1861 Geburt des Sohnes Jules.

1862 Fabre veröffentlicht sein erstes Lehrbuch über Landwirtschaftliche Chemie.

1863 Geburt des Sohnes François-Emile.

1865 Begegnung Fabres mit dem Mediziner Louis Pasteur.

1866 Fabre erhält den Prix Gegner. Er wird Konservator am Musée Requien in Avignon.

1867 Der Erziehungsminister Victor Duruy beginnt sein Programm der Ewachsenen- und Mädchenbildung. Er besucht Fabre in seiner Werkstatt.

1868 Duruy lädt Fabre nach Paris ein und stellt ihn Kaiser Napoléon III. vor. Fabre wird Ritter der Ehrenlegion. Er übernimmt die naturwissenschaftlichen Kurse an der Volksbildungsschule in Avignon.

1870 Fabres Vorträge in Avignon, bei denen er vor einer weiblichen Zuhörerschaft über die Befruchtung von Pflanzen sprach, tragen ihm die Feindschaft der Konservativen und des Klerus ein. Er verliert seine Anstellung und zieht sich nach Orange zurück. Er muß seinen Freund John-Stuart Mill um ein Darlehen in Höhe von 3000 Gold-Francs bitten für seinen Lebensunterhalt. In den folgenden Jahren verfaßt er über 40 Schul- und Lehrbücher sowie wissenschaftliche Werke für das breite Publikum und kann seine Schulden zurückzahlen.

1873 Fabre verliert seine Stellung als Konservator am Musée Requien in Avignon. Er wird mit der Silbermedaille der Tierschutzgesellschaft ausgezeichnet.

1874 Fabre erhält eine Auszeichnung von der Gesellschaft für den Elementarunterricht.

1879 Publikation des 1. Bandes der »Souvenirs Entomologiques«. Fabre erwirbt ein Haus in Sérignan-du-Comtat im Vaucluse. Er nennt es ›L'Harmas‹. Von nun an kann er sich hauptsächlich der Entomologie widmen.

1882 Der 2. Band der »Souvenirs Entomologiques« erscheint.

1885 Tod von Fabres Ehefrau Marie-Césarine.

1886 Erscheinen des 3. Bandes der »Souvenirs Entomologiques«.

1887 Fabre heiratet seine Haushälterin Marie-Joséphine Daudel. Die Akademie der Wissenschaften nimmt ihn als korrespondierendes Mitglied auf. Er wird mit dem Prix Dollfus der Entomologischen Gesellschaft ausgezeichnet.
1888 Geburt von Fabres Sohn Paul-Henri. Hochzeit des Sohnes François-Emile.

1890 Geburt der Tochter Pauline. Fabre veröffentlicht provenzalische Gedichte »Oubreto Prouvencalo«.

1891 4. Band der »Souvenirs Entomologiques«.

1892 Fabre wird Ehrenmitglied der Entomologischen Gesellschaft Belgiens.

1893 Geburt der Tochter Anna-Hélène. »Der Himmel«, das letzte der Schul- und Lehrbücher Fabres, erscheint.

1897 5. Band der »Souvenirs Entomologiques«.

1900 6. Band der »Souvenirs Entomologiques«.

1901 7. Band der »Souvenirs Entomologiques«.

1902 Fabre wird Ehrenmitglied der Entomologischen Gesellschaften Rußlands, Frankreichs, Englands und Schwedens.

1903 8. Band der »Souvenirs Entomologiques«. Fabre erhält den Prix Gegner der Akademie der Wissenschaften von nun an jedes Jahr mit Ausnahme von 1910.

1905 9. Band der »Souvenirs Entomologiques«.

1907 Der 10. und letzte Band der »Souvenirs Entomologiques« erscheint. Bekanntschaft und beginnende Freundschaft Fabres mit Dr. G.-V. Legros, seinem späteren Biographen.

1908 Besuch des provenzalischen Dichters Frédéric Mistrals bei Fabre.

1910 Zahlreiche prominente Persönlichkeiten beteiligen sich an der von Legros initiierten Jubiläumsfeier für Fabre. Er erhält die goldene Linné-Medaille der Akademie Stockholm und wird Mitglied der Universität Genf, außerdem Offizier der Ehrenlegion. Prix Alfred Née. Fabres Ruhm breitet sich aus.

1911 Fabre wird für den Nobelpreis vorgeschlagen.

1912 Tod von Fabres zweiter Frau Marie-Joséphine. Der Dichter Frédéric Mistral veröffentlicht einen Artikel über Fabre: »Das Genie, das an Hunger stirbt«.

1913 Mistral schlägt Fabre noch einmal für den Nobelpreis vor. Der Präsident der Republik, Raymond Poincaré, besucht Fabre in seinem Harmas.

1915 Am 11. Oktober stirbt Jean-Henri Fabre im Alter von 92 Jahren in seinem Harmas und wird auf dem Friedhof von Sérignan-du-Comtat beigesetzt.

Andreas Maier / Christine Büchner

Bullau. Versuch über Natur

Festeinband mit Schutzumschlag
und Lesebändchen, 132 Seiten
ISBN 978-3-86597-038-1, € 17,90 (D)

Am Anfang war es eine unbestimmte Sehnsucht, aus der heraus die Autoren mehr und Genaueres über die heimische Flora und Fauna wissen wollten, als anhand der üblichen Kategorien Amsel-Spatz-Taube und Gänseblümchen-Butterblume-Löwenzahn zu erfahren ist. Daraus entwickelte sich auf vielen Spaziergängen eine ›éducation naturelle‹, eine Übung in Sachen Geduld und Beharrlichkeit, und sie stellten fest, daß man umso mehr sieht, je mehr man weiß.

»Vielleicht das poetischste Buch, das in diesem Frühjahr zu haben ist.«
Die Zeit

Hellmut von Cube
Tierskizzenbüchlein

Festeinband mit Schutzumschlag
und Lesebändchen, 100 Seiten
ISBN 978-3-86597-034-3, € 15,90 (D)

Hellmut von Cubes Tierskizzen sind kleine Kunstwerke an Genauigkeit und Poesie, die Ameisen zeigen und Eidechsen, Maikäfer, Nachtfalter und auch einen kleinen Hund. Hermann Hesse schrieb: »Jede dieser liebenswürdigen und hochbegabten Betrachtungen führt uns ins Große, ins Herz der Welt.«

»Jede einzelne dieser Prosaminiaturen erzählt uns angeblich von Tieren, in Wahrheit aber von der ganzen Welt und von der Art und Weise, wie wir sie anschauen. Oder anschauen sollten …«
Frankfurter Rundschau